高等学校"十三五"规划教材

HUAGONG YUANLI SHIYAN
化工原理实验

● 邓秋林　卿大咏　主编

化学工业出版社

·北京·

《化工原理实验》是化工原理、食品工程原理、环境工程原理等相关课程的配套实验教材，注重培养学生的综合素质，通过实验使学生掌握常见单元操作的操作技能和实验研究方法。本书内容包括四章：第1章化工原理实验基础知识，主要介绍化工原理实验特点、教学目的与方法、实验误差分析、实验基本安全知识和基本要求；第2章化工原理实验研究与设计方法，主要介绍化工原理实验常见研究方法、实验设计方法和实验流程设计等知识；第3章测量仪表与测量方法，主要包括化工实验及生产中常用流量仪表的工作原理及使用方法，以及测量所用的传感器和智能仪表的工作原理及操作方法；第4章化工原理实验项目，主要包括流体力学、泵性能、机械能转化、边界层分离、雷诺实验、固体流态化、传热、精馏、吸收、干燥、仪表校正、液-液萃取、膜分离等实验，并配套相应的动画、视频等数字化资源。

《化工原理实验》可作为高等院校化工、环境、材料、生物化工、制药、石油、能源化工、轻工类及相关专业化工原理实验课的教学用书，也可供相关领域的科研、生产技术人员参考。

图书在版编目（CIP）数据

化工原理实验/邓秋林，卿大咏主编.—北京：
化学工业出版社，2020.7（2025.1重印）
ISBN 978-7-122-36588-0

Ⅰ.①化… Ⅱ.①邓… ②卿… Ⅲ.①化工原理-实验-教材 Ⅳ.①TQ02-33

中国版本图书馆CIP数据核字（2020）第052839号

责任编辑：马泽林　金　杰　　　　　　　　装帧设计：韩　飞
责任校对：张雨彤

出版发行：化学工业出版社（北京市东城区青年湖南街13号　邮政编码100011）
印　　装：北京建宏印刷有限公司
787mm×1092mm　1/16　印张10　字数241千字　2025年1月北京第1版第5次印刷

购书咨询：010-64518888　　售后服务：010-64518899
网　　址：http://www.cip.com.cn
凡购买本书，如有缺损质量问题，本社销售中心负责调换。

定　价：29.00元　　　　　　　　　　　　　　　　　　　版权所有　违者必究

编写人员

主　　编　邓秋林　西南科技大学
　　　　　　　卿大咏　西南石油大学

副 主 编　周　堃　成都理工大学
　　　　　　　孙　婷　上海交通大学
　　　　　　　徐建华　长江师范学院

参编人员（按姓氏汉语拼音排序）
　　　　　　　陈　星　重庆三峡学院
　　　　　　　郭文宇　绵阳师范学院
　　　　　　　何　冰　成都师范学院
　　　　　　　胡程耀　西南科技大学
　　　　　　　黄晓枫　西南科技大学
　　　　　　　李　凤　西南科技大学
　　　　　　　李鸿波　西南科技大学
　　　　　　　梁克中　重庆三峡学院
　　　　　　　廖辉伟　西南科技大学
　　　　　　　陆爱霞　西南科技大学
　　　　　　　任根宽　宜宾学院
　　　　　　　时建伟　长江师范学院
　　　　　　　吴金婷　西南科技大学
　　　　　　　谢奉妤　四川师范大学
　　　　　　　杨　郭　四川轻化工大学
　　　　　　　周绿山　四川文理学院

前　言

化工原理实验是化工类及相关专业学生的一门专业基础课程，是一门工程实践性很强的课程。化工原理实验对于巩固和加深学生在化工原理课程中学习的基本原理，熟悉和掌握各单元操作设备及常见化工仪表的工作原理、特性和使用方法，提高学生的工程技术实验能力，培养学生分析和解决工程实践问题的能力，提高学生从事科学研究和创新的能力等方面均具有举足轻重的作用。

为响应国家正在实施的"创新驱动发展""中国制造 2025""互联网+""网络强国""一带一路"等重大战略需求和教育部新工科建设要求，本教材基于工程教育专业认证和本科教学国家标准，结合《华盛顿协议》中化工类实验课程教学的培养质量要求，主要由西南地区十余所高校多位从事化工原理实验教学的教师对教学实践总结梳理，汇集国内多所化工类高校采用的化工原理实验装置，结合当今化工行业对人才的需求，面向化工行业新技术发展联合编写，是数字化新形态教材。

各高校化工原理实验教学装置的基本原理和流程相似，但实验装置结构差异较大。根据这种情况，本书编写时采用了重视实验原理解释，突出实验方案实施过程，弱化实验操作具体步骤和方法，强化学生实验过程中的自主思维和动手能力。从实验方案设计、进入实验室完成实验操作并获取实验数据、整理数据和观察记录实验现象这一过程，激发学生的创新思维，使他们体验获取实验数据的全过程，加深对化工原理主要典型单元操作及生产过程的认识和理解。部分实验项目配套相关视频资源，便于学生学习和参考。本书的最终目的是培养与训练学生实验研究的综合素质与能力，突出实验教学应具有的实践性和工程性；力求通过实验培养学生掌握综合运用理论知识解决实际问题和正确表达实验结果的能力；开拓学生的实验思路，增强创新意识。

本书内容涉及较广，主要介绍了化工原理实验基础知识、实验研究与设计方法、测量仪表与测量方法及化工原理实验项目等。本书在编写过程中兼顾国内各高校的实验装置，注重共性原理，突出个性设备，并做到概念清晰、层次分明、阐述简洁、操作易懂、利于自学。

本书由邓秋林、卿大咏主编，周翠、孙婷、徐建华副主编。本书在编写过程中得到了西南科技大学、西南石油大学、成都理工大学、四川师范大学、上海交通大学、长江师范学院、四川轻化工大学、宜宾学院、重庆三峡学院、成都师范学院、绵阳师范学院教师的大力支持，是大家共同的心血。本书在编写过程中也参考了其他各版本的化工原理实验教材，在此也向相关作者表示诚挚的谢意。本书的数字化资源方面由浙江中控科教仪器设备有限公司和北京东方仿真软件技术有限公司提供，在此表示感谢。

鉴于笔者水平有限，书中难免有疏漏之处，衷心希望读者给予指教，以使本书日臻完善。

编者

2020 年 1 月

目 录

第1章 化工原理实验基础知识 1
1.1 概述 1
1.1.1 化工原理实验特点 1
1.1.2 化工原理实验教学目的与意义 2
1.1.3 化工原理实验教学内容 2
1.1.4 化工原理实验教学方法 3
1.2 实验数据误差分析 3
1.2.1 误差的基本概念 3
1.2.2 误差的分类 5
1.2.3 精密度、正确度和准确度 6
1.2.4 测量过程中的误差估算 7
1.2.5 实验结果处理方法 10
1.3 化工原理实验基本安全知识 13
1.3.1 实验室安全消防知识 13
1.3.2 实验室用电安全知识 14
1.3.3 危险品安全使用知识 15
1.3.4 高压钢瓶安全使用知识 17
1.4 化工原理实验的教学环节及要求 18
1.4.1 实验预习 18
1.4.2 实验操作与记录 19
1.4.3 实验报告的编写 19

第2章 化工原理实验研究与设计方法 21
2.1 化工原理实验研究方法 21
2.1.1 直接实验法 22
2.1.2 量纲分析法 22
2.1.3 数学模型法 27
2.1.4 冷模实验法 32
2.1.5 过程变量分离法 32
2.1.6 过程分解与合成法 33
2.2 化工原理实验设计方法 33

2.2.1　全面搭配法 ·············· 34
　　2.2.2　正交实验设计法 ·············· 34
　　2.2.3　均匀实验设计法 ·············· 37
　　2.2.4　序贯实验设计法 ·············· 38
　2.3　化工原理实验流程设计 ·············· 39
　　2.3.1　实验流程设计的内容及步骤 ·············· 39
　　2.3.2　实验流程图的形式及要求 ·············· 39
　　2.3.3　设计和选择原则 ·············· 40
　　2.3.4　实验装置的安装 ·············· 41
　　2.3.5　实验装置的安全性评估 ·············· 42
　　2.3.6　实验装置的调试 ·············· 43

第3章　测量仪表与测量方法　44
　3.1　流量测量与仪表 ·············· 44
　　3.1.1　节流式（差压式）流量计 ·············· 44
　　3.1.2　转子流量计 ·············· 46
　　3.1.3　其他新型流量计 ·············· 47
　3.2　压力测量与仪表 ·············· 49
　　3.2.1　液柱式压力计 ·············· 49
　　3.2.2　弹性式压力计 ·············· 51
　　3.2.3　电气式压力计 ·············· 52
　　3.2.4　活塞式压力计 ·············· 53
　　3.2.5　测压仪表的选用及注意事项 ·············· 53
　3.3　温度测量与仪表 ·············· 55
　　3.3.1　热膨胀式温度计 ·············· 56
　　3.3.2　热电阻温度计 ·············· 59
　　3.3.3　热电偶温度计 ·············· 60
　　3.3.4　非接触式温度计 ·············· 62
　　3.3.5　温度计的选择及使用原则 ·············· 63

第4章　化工原理实验项目　64
　4.1　流体流动综合实验 ·············· 64
　　实验1　流体流动阻力测定实验 ·············· 64
　　实验2　离心泵及管路特性曲线测定实验 ·············· 68
　　实验3　流体机械能转化实验 ·············· 72
　　实验4　边界层分离实验 ·············· 74
　　实验5　雷诺实验 ·············· 76
　4.2　颗粒流体力学与机械分离综合实验 ·············· 77
　　实验6　恒压过滤常数测定实验 ·············· 77

  实验 7 旋风分离实验 ……………………………………………………………… 82
  实验 8 固体流态化实验 ……………………………………………………………… 83
 4.3 传热综合实验 ……………………………………………………………………… 86
  实验 9 套管式换热器的操作及对流给热系数测定实验 ………… 86
  实验 10 列管式换热器传热实验 …………………………………………… 93
 4.4 精馏综合实验 ……………………………………………………………………… 96
  实验 11 板式精馏塔的操作及其性能评定实验 ………………………… 96
  实验 12 乙醇-正丙醇填料塔精馏操作实验 ……………………………… 105
 4.5 气体吸收综合实验 ………………………………………………………………… 109
  实验 13 填料吸收塔的力学性能和传质性能测定实验 …………………… 109
 4.6 干燥综合实验 ……………………………………………………………………… 115
  实验 14 洞道干燥操作与干燥速率测定实验 …………………………… 115
  实验 15 流态化与流化床干燥速率曲线测定实验 ……………………… 119
  实验 16 喷雾干燥实验 ……………………………………………………… 124
 4.7 分离实验 …………………………………………………………………………… 126
  实验 17 液-液萃取实验 ……………………………………………………… 126
  实验 18 膜分离实验 ………………………………………………………… 131
 4.8 校正实验 …………………………………………………………………………… 135
  实验 19 液体流量计校正实验 ……………………………………………… 135
  实验 20 气体流量计校正实验 ……………………………………………… 139
  实验 21 热电偶及热电阻温度计标定实验 ………………………………… 144
  实验 22 压力表及压力传感器的校验 ……………………………………… 146

附录 常见单位及标准数据 …………………………………………………………… 150

参考文献 ………………………………………………………………………………… 151

第1章
化工原理实验基础知识

1.1 概述

1.1.1 化工原理实验特点

化工原理实验是一门实践性和工程性很强的技术基础课,该课程运用自然科学的基本原理和工程实践的基本方法来解决化工生产过程及相关领域的工程实践问题。化工原理实验需要解决的是多因素、多变量、综合性及与工业生产实际密切相关的工程问题,具有显著的现实性和特殊性。化工原理实验内容强调实践性与工程观念,将能力和素质培养贯穿于实验课程教学的全过程。围绕化工原理理论课程教学中最基本的理论,开设验证型、综合型和设计型实验,使学生掌握实验研究的基本方法和基本过程,训练其独立思考、发现问题、分析问题和解决问题的能力,培养其团队协作和动手实践的能力。

(1) 化工原理实验不同于一般的基础化学实验如无机化学实验、有机化学实验、分析化学实验和物理化学实验等课程。化工原理实验研究对象是工程实际问题,涉及的变量较多,采用的研究方法也不同,不能将处理物理实验、化学实验的一般方法简单地套用于化工原理实验,更为重要的是在化工原理实验的整个过程中要感受实验的工程性以及掌握解决工程问题的一般方法。实验过程中除了具备化工原理基本理论知识外,还需要具备基本的化工机械设备、化工测量仪表及电工电子等方面的基本知识。

(2) 化工原理实验与化工原理理论教学、生产实习、化工设计等教学环节相互衔接,构成一个有机整体。化工原理实验通过观察某些基本化工过程中的实验现象,如液泛、流态化;测定某些基本参数,如温度、压力、流量等;找出某些重要过程的规律,如管内流体的流动规律、流体通过颗粒床层的规律等;确定化工设备的性能,如离心泵的特性曲线、换热器的传热系数、过滤机的过滤常数、精馏塔的塔板效率、吸收塔的传质单元数等;建立化工单元操作的基本控制规律,如精馏过程中的回流比控制规律等。所以,化工原理实验是学生巩固化工原理基本理论、化工单元操作基本知识及传递原理,学习与之相关的其他新知识的重要途径。

(3) 由于化工过程问题的复杂性,许多工程的影响因素难以从理论上解释清楚,或者虽然能从理论上做出定性分析,但是难以给出定量的描述,特别是有些重要的设计或操作参数,根本无法从理论上进行计算,必须通过必要的实验加以确定或获取。对于初步接触化工单元操作的学生或有关工程技术人员,更有必要通过实验或实训来加深对有关过程及设备的认识和理解。

(4) 化工原理实验报告采用实验报告为主,实验论文为辅的形式进行撰写,有利于提高学生的文献检索能力、写作能力、知识的综合运用能力和培养初步的科研素养,为今后的化工设计、毕业设计(论文)及科研工作能力奠定基础。

1.1.2 化工原理实验教学目的与意义

化工原理实验是联系课堂教学理论知识与化工工程实际的关键桥梁和纽带。因此,化工原理实验教学课程目的与意义具有明显的应用性和工程性。化工原理实验教学目的与意义可归纳为如下几点。

(1) 通过开展化工原理实验教学,在实践中使得学生能够深入了解化工原理的基本概念,巩固并掌握化工原理基本理论知识,加深对典型的已被或将被广泛应用的化工过程与设备的原理和单元操作的理解。在学习典型化工单元操作的基础上,培养学生理论联系实际的能力和分析解决问题能力。

(2) 化工原理实验教学一般是基于典型的化工单元操作开展的。通过典型的化工单元操作的实际学习使得学生的基本实验操作技能和处理典型化工操作问题的能力得到提高。在此过程中,学生可以掌握处理工程问题的基本实验研究方法,即在数学模型法和量纲分析法基础上的实验研究方法。培养学生灵活运用基本实验研究方法处理各种化学工程问题的能力。

(3) 通过对化工单元操作与基本实验研究方法的学习,学生能够在分析和思考实验结果的基础上,不断提高其处理、解决实际工程问题的能力。化工原理实验是学生在老师指导下独立完成的,学生作为实验的主角对于整个实验过程的规划、实验设备的选择和正确使用、整个实验流程的具体设计、实验所涉及的仪表和阀门等的正确操作都要彻底熟悉和把握。在此过程中,学生的化工工程综合能力可以得到很好的提高。

(4) 化工原理实验课程不同于化工实际操作之处在于其重在教学。因此,学生在实验过程中,可以在思考实验流程的合理性及优化解决方案的基础上,提出自己的观点和具体优化思路,并进行相应的设备改造和工艺流程改进。此项工作的开展可以使得学生的综合工程创新能力得到质的提高。

1.1.3 化工原理实验教学内容

化工原理实验内容主要包括实验理论基础和实验教学两部分。

实验理论基础主要介绍:①化工原理实验基础知识,包括化工原理实验特点、教学目的与意义、实验预习及实验报告要求、安全知识和实验误差分析与数据处理;②实验研究与设计方法,将介绍通用的实验研究和设计方法,并对实验流程的设计进行介绍;③测量仪表与测量方法,比较详细地介绍了流量、压力和温度的测量方法和相关仪表及使用时的注意事项。

本书按照单元操作将所有实验进行分类编写,以适应不同层次、不同专业的教学要求。即①流体流动综合实验:流体流动阻力测定实验、离心泵及管路特性曲线测定实验、流体机械能转化实验、边界层分离实验、雷诺实验;②颗粒流体力学与机械分离综合实验:恒压过滤常数测定实验、旋风分离实验、固体流态化实验;③传热综合实验:套管式换热器的操作及对流给热系数测定实验、列管式换热器传热实验;④精馏综合实验:板式精馏塔的操作及其性能评定实验、乙醇-正丙醇填料塔精馏操作实验;⑤气体吸收综合实验:填料吸收塔的力学性能和传质性能测定实验;⑥干燥综合实验:洞道干燥操作与干燥速率测定实验、流态化与流化床干燥速率曲线测定实验、喷雾干燥实验;⑦分离实验:液-液萃取实验、膜分离实验;⑧校正实验:液体流量计校正实验、气体流量计校正实验、热电偶及热电阻温度计标定实验、压力表及压力传感器的校验。

1.1.4 化工原理实验教学方法

化工原理实验是一门工程实践性较强的实验课程,是学生接触工程类实验的第一门课程。因此,涉及的许多问题都需要事先考虑、分析,并做好必要的准备,实验前必须进行预习和仿真实验。化工原理实验室一般采用开放式管理模式,学生实验前可预约实验时间熟悉实验设备,在规定时间内完成实验项目操作和数据收集后独立完成实验报告。另外,通过实验预约系统,学生可反复多次进行实验操作和数据采集,加深对实验操作基本规律和实验研究方法的掌握。

化工原理实验教学一般以学生为主体、教师主导的教学模式,学生根据实验目的及要求和装置设计实验方案,在教师保障实验过程安全的情况下,进入实验室进行实验装置的操作和获取实验数据、观察记录实验现象。学生通过实验的全程参与和体验获取技能和知识,教师全程给予必要的指导和答疑辅导。

1.2 实验数据误差分析

在实验中,由于实验方法和实验设备的不完善和周围环境的影响,以及实验设备的现代化、测量仪表的精密程度与灵敏度和人为观察等方面的原因,实验所获得的数据和被测量的真值之间,不可避免地存在着差异,在数值上即表现为误差。为了减小或消除误差,必须对测量过程和实验中存在的误差进行分析研究。通过误差估算与分析,找出误差的来源及其影响,确定导致实验总误差的最大组成因素,从而改善薄弱环节,提高实验质量。

1.2.1 误差的基本概念

(1) 直接测量值和间接测量值 根据获得测量结果的方法不同,实验数据可以分为直接测量值和间接测量值。可以用仪器、仪表直接读出数据的叫直接测量值。例如,用秒表记录时间,用米尺测量长度,用温度计、压力计测量温度和压强等。凡是基于直接测量值得出的数据再按照一定函数关系式,通过计算才能求得测量数据的称为间接测量值。例如,测量圆柱体体积时,先测量直径 d 和高度 H,再用体积公式 $V=\pi d^2 H/4$,计算出体积 V,V 就属于间接测量值。化工实验中多数测量值均属于间接测量值。

(2) 真值与误差

① 真值。真值是指某物理量客观存在的确定值，是一个理想概念。对其进行测量时，由于测量仪器、测量方法、环境、人员及测量程序等都不可能完美无缺，实验误差难以避免，故一般真值是不能观测到的。在分析实验测定误差时，一般用如下数值替代真值。

a. 理论真值。这一类真值是可通过理论证实而知的值。如国家标准样品的标准值、计量学中经国际计量大会决议的值及一些理论公式表达值等。

b. 相对真值。在某些过程中，常采用精度等级较高的仪器测量值代替普通测量仪器测量值的真值，称为相对真值。例如，使用经过校正的高精度的涡轮流量计测定的流量值相对于普通流量计测定的流量值是真值；使用高精度铂电阻温度计测得的温度值相对于普通温度计指示的温度值是真值。

c. 平均值。若对某一物理量经过无限多次的测量，其出现误差有正也有负，而正负误差出现的概率是相同的。因此，在不存在系统误差的情况下，该平均值就相当接近于该物理量的真值。所以，在实验科学中定义：无限次观测的平均值为真值。由于实验工作中观测的次数总是有限的（比如20次），有限次观测值得到的平均值，只能近似于真值，故称该平均值为最佳值。

化工中常用的平均值有

算术平均值
$$\overline{x_m} = \frac{x_1 + x_2 + \cdots + x_n}{n} = \frac{\sum\limits_{i=1}^{n} x_i}{n} \tag{1-1}$$

几何平均值
$$\overline{x_c} = \sqrt[n]{x_1 x_2 \cdots x_n} = \sqrt[n]{\prod x_i} \tag{1-2}$$

均方根平均值
$$\overline{x_s} = \sqrt{\frac{x_1^2 + x_2^2 + \cdots + x_n^2}{n}} = \sqrt{\frac{\sum\limits_{i=1}^{n} x_i^2}{n}} \tag{1-3}$$

对数平均值
$$\overline{x_l} = \frac{x_1 - x_2}{\ln \frac{x_1}{x_2}} \tag{1-4}$$

式中，x_1、x_2、$\cdots$、x_n——观测值；n——观测次数。

其中对数平均值多用于传热和传质计算中。计算平均值方法的选择，取决于一组观测值的分布类型。在化工实验和科学研究中，数据分布一般为正态分布。因此，采用算术平均值作为最佳值最为普遍。

② 误差。误差是实验观测值（x，包括直接测量值和间接测量值）与真值（A，客观存在的准确值）之差。通常有下面四种表示形式。

a. 绝对误差。观测值（x）与真值（A）之差的绝对值称为绝对误差 [$D(x)$]，即
$$D(x) = |x - A| \tag{1-5}$$

在工程计算中，真值常用平均值或相对真值代替，则有
$$D(x) = |x - \overline{x}| \tag{1-6}$$

在化工原理实验中常采用的转子流量计、秒表、温度计、压力表等仪器，原则上应取其最小刻度值为最大误差，而取其最小刻度值的一半作为绝对误差计算值。

虽然绝对误差很重要，但是仅用它还不足以说明测量结果的准确度，即它还不能给出测

量准确与否的完整概念。有时测量得到相对的绝对误差可能导致准确度完全不同的结果。例如，判断称量结果的准确度，仅知道最大绝对误差等于1g是不够的。因为如果所称量的物体本身的质量有几千克，那么绝对误差是1g，表明本次称量的质量是较高的；但是，如果称量的物体本身质量只有几克，那么本次称量的结果毫无意义。

为了判断测量的准确度，必须将绝对误差与所测量的值进行比较，即求出相对误差，才能说明问题。

b. 相对误差。绝对误差 $D(x)$ 与真值的绝对值之比，即

$$E_r(x) = \frac{D(x)}{|A|} \tag{1-7}$$

若用测量平均值代替真值，即

$$E_r(x) = \frac{D(x)}{|A|} \approx \frac{D(x)}{|\overline{x}|} = \frac{|x - \overline{x}|}{|\overline{x}|} \tag{1-8}$$

相对误差是一个无量纲的比值。在化工实验中，相对误差通常以百分数（%）表示。

此外，在化工领域中，常用算术平均误差和标准误差来表示测量数据的误差。

c. 算术平均误差。n 次测量值的算术平均误差为

$$\delta = \frac{\sum\limits_{i=1}^{n} |x_i - \overline{x_m}|}{n} \tag{1-9}$$

式中，x_i——观测值；$\overline{x_m}$——n 次观测的算术平均值；n——观测次数。

d. 标准误差。简称标准差，亦称均方根误差、标准偏差。当实验测量次数为有限的 n 次测量值时，标准误差计算式如式(1-10)所示。

$$\sigma = \sqrt{\frac{\sum\limits_{i=1}^{n}(x_i - \overline{x_m})^2}{n-1}} \tag{1-10}$$

当实验次数 n 为无限次时，标准误差计算式如式(1-11)所示，可称为总体标准误差。

$$\sigma = \sqrt{\frac{\sum\limits_{i=1}^{n}(x_i - \overline{x_m})^2}{n}} \tag{1-11}$$

标准误差不是一个具体的误差，其大小说明在一定条件下等精度测量集合所属的每个观测值对其算术平均值的分散程度。标准误差数值越小，表明每一次观测值对其算术平均值的分散度就小，测量的准确度就高；反之，准确度就低。

1.2.2 误差的分类

误差按照其性质和产生的原因可分为三类：系统误差、随机误差和过失误差。

（1）系统误差　系统误差是指在同一条件下，多次测量同一量时，实验数据误差的数值始终保持不变，或在条件改变时，按某一确定的规律变化的误差。此类误差又称为规律误差。

产生系统误差的原因有：①测量仪器方面的因素，如仪器制造精度低，仪器设计上的缺陷，安装不正确，仪器使用前未经校准等；②测量方法的因素，如实验方法设计本身具有缺

陷或近似的计算公式等引起的误差；③实验环境的因素，如外界温度、压力及湿度的变化引起的误差；④测量人员个体差异的因素，如测量人员的习惯和偏向等。

总之，系统误差有固定的偏向和确定的规律性，但是常常隐藏在测量数据之中，即使多次测量，也不可能降低它对测量精确度的影响，这就要求测量人员用一定的方法和判据发现系统误差的存在，并根据具体的原因采取相应措施予以修正或消除误差。

(2) 随机误差 在已消除系统误差的前提下，随机误差，又称偶然误差，是指在相同条件下测量同一量时，由某些不易控制的因素造成的，每次测量结果都不同，围绕某一数值上下无规则波动，没有一定的规律且无法预测的误差。随机误差服从统计规律，在大量实验中，实验数据的随机误差呈现正态分布。随着测量次数的增加，由于正负误差相互抵消，误差的算术平均值趋于零。因此，多次测量的算术平均值将接近于真值。所以，可以采用增加测量次数达到减小随机误差的目的，但不会消除。

(3) 过失误差 过失误差，又称粗大误差，是一种显然与事实不符的误差。它主要是由于实验者粗心大意（如读数错误、记录错误等）、不正确操作或测量条件的突变所引起的误差。因此，实验时只要认真负责是可以避免这类误差的。过失误差测量的数据往往与正常值严重偏离，应在整理数据时予以剔除。

实测列数据的精确程度是由系统误差和随机误差共同决定的。系统误差越小，则列数据的正确度越高；随机误差越小，则列数据的精密度越高。所以，要使实测列数据的准确度高就必须满足系统误差和随机误差均很小。

必须指出，上述三种误差，在一定条件下可以相互转化。例如，温度计刻度的划分有误差，对生产者来说是随机误差，对使用者来说是系统误差。随机误差和系统误差间并不存在绝对的界限。

1.2.3 精密度、正确度和准确度

测量的质量和水平，可用误差概念来描述，也可用准确度等概念来描述。

(1) 精密度 精密度可以衡量某物理量几次测量值之间的一致性，即重复性。它可以反映随机误差的影响程度，精密度高表示随机误差小。例如，实验数据的相对误差为 0.01%，误差纯由随机误差引起，则可认为精密度为 1.0×10^{-4}。

(2) 正确度 正确度是指在规定条件下，测量中所有系统误差的综合。正确度高表示系统误差小。例如，实验数据的相对误差为 0.01%，且误差纯由系统误差引起，则可认为正确度为 1.0×10^{-4}。在我国的分析资料中，一般不采用正确度而采用准确度或精确度表征测量系统中的误差。

(3) 准确度 准确度，又称精确度，是指测量中所有系统误差和随机误差的综合。因此，准确度表示测量结果与真值的逼近程度。例如，实验数据的相对误差为 0.01%，且误差由系统误差和随机误差共同引起，则可认为准确度为 1.0×10^{-4}。

对于实验或测量结果来说，往往精密度高，正确度不一定高；正确度高，精密度也不一定高；但准确度高，必然是精密度与正确度都高。如图 1-1 所示，(a) 的随机误差小而系统误差大，即精密度高而正确度低；(b) 的随机误差大而系统误差小，即精密度低而正确度高；(c) 的随机误差和系统误差都小，表示精密度和正确度都高，即准确度高。

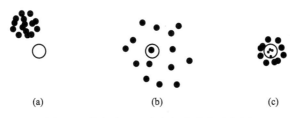

图 1-1 精密度、正确度与准确度示意图

1.2.4 测量过程中的误差估算

误差估算与分析的目的就是评定所测实验数据（包括直接测量值和间接测量值）的准确性。通过误差估算和分析，可以认清误差的来源和影响，确定导致实验总误差的最大组成因素，从而在准备实验方案和研究过程中，有的放矢地集中消除或减少产生误差的来源，提高实验的质量。

(1) 直接测量值的误差估算　在实验中，由于实验条件有限或要求不高等原因，对某一物理量的直接测量只进行一次，这时可以根据具体的实际情况，对测量值的误差进行合理的估计。下面介绍如何根据所使用的仪表估算一次测量值的误差。

① 给出准确度等级类的仪表。在正常使用条件下，仪表测量结果的准确程度称为仪表的准确度。引用误差越小，仪表的准确度越高。而引用误差与仪表的量程范围有关，所以在使用同一准确度的仪表时常压缩量程范围，以减小测量误差。在工业测量中，如电工仪表、数显仪、转子流量计等，为了便于表示仪表的性能指标，通常采用准确度等级（即精度等级）来表示仪表的准确程度。

a. 准确度的表示方法。这些仪表的准确度常采用仪表的最大引用误差和准确度等级来表示。

仪表的最大引用误差的定义为

$$\text{最大引用误差} = \frac{\text{仪表示值的绝对误差值}}{\text{该仪表相应档次满量程的绝对值}} \times 100\% \tag{1-12}$$

式中仪表示值的绝对误差值是指在规定的正常情况下，被测参数的测量值与被测参数的标准值之差的绝对值的最大值。最大引用误差是仪表基本误差的主要形式，它能更可靠地表明仪表的测量精确度，是仪表的最主要质量指标。对于多档次仪表，不同档次示值的绝对误差和量程范围均不同。若仪表示值的绝对误差值相同，则量程范围越大，仪表的最大引用误差越小，表示仪表的准确度越高；反之，量程范围越小，仪表的最大引用误差越大，表示仪表的准确度越低。

将仪表的最大引用误差的"%"去掉，剩下的数值就称为仪表的准确度等级。目前，我国工业仪表的准确度等级（p 级）分为 0.1、0.2、0.5、1.0、1.5、2.5、5.0 七个等级，并标注在仪表刻度标尺或铭牌上。一般来说，如果仪表的准确度等级为 p 级，则说明该仪表最大引用误差不会超过 $p\%$，而不能认为它在各刻度点上的示值误差都具有 $p\%$ 的准确度。

b. 测量误差的估算。设仪表的准确度等级为 p 级，则最大引用误差为 $p\%$。若仪表的量程范围为 $x_{\max}$，仪表的示值为 x，则该测量值的绝对误差 [式(1-13)] 和相对误差

[式(1-14)] 分别为

绝对误差 $$D(x) \leqslant x_{\max} \times p\% \tag{1-13}$$

相对误差 $$E_r(x) = \frac{D(x)}{x} \leqslant \frac{x_{\max}}{x} \times p\% \tag{1-14}$$

式(1-13)和式(1-14)表明,若仪表的准确度等级 p 和量程范围 $x_{\max}$ 已固定,则测量的示值 x 越大,测量的相对误差越小。由于测量的相对误差与仪表的准确度等级、测量范围与仪表示值之比(即 $x_{\max}/x$)有关,所以选用仪表时,不能盲目地追求仪表的准确度等级,应该兼顾仪表的准确度等级和 $x_{\max}/x$。

例 1-1 欲测量大约 90V 的电压,实验室有 0.5 级 0~300V 和 1.0 级 0~100V 的电压表,问选用哪一种电压表测量较好?

解 用 0.5 级 0~300V 的电压表测量时的最大相对误差为

$$E_r(x) = \frac{x_{\max}}{x} \times p\% = \frac{300}{90} \times 0.5\% = 1.7\%$$

而用 1.0 级 0~100V 的电压表测量时的最大相对误差为

$$E_r(x) = \frac{x_{\max}}{x} \times p\% = \frac{100}{90} \times 1.0\% = 1.1\%$$

结果说明,如果选择恰当,用量程范围适当的 1.0 级仪表进行测量,能得到比用量程范围大的 0.5 级仪表更准确的结果。因此,选用仪表时,要纠正单纯追求准确度等级"越高越好"的倾向,而应根据被测量的大小,兼顾仪表的准确度等级和测量上限,合理地选择仪表。

② 不给出准确度等级类的仪表。某些测量仪器、仪表并没有给出特定的准确度,如天平类,这类仪器仪表可通过其分度值和量程范围估算一次测量值的误差。

a.准确度的表示方法。这些仪表的准确度用式(1-15)表示

$$仪表的准确度 = \frac{0.5 \times 名义分度值}{量程范围} \tag{1-15}$$

名义分度值是指测量仪器最小分度所代表的数值。如 TG-328A 型天平,其名义分度值(感量)为 0.1mg,量程范围为 0~200g,则其准确度为

$$准确度 = \frac{0.5 \times 0.1}{(200-0) \times 10^3} = 2.5 \times 10^{-7}$$

若仪器的准确度已知,则可用式(1-15)计算其名义分度值。

b.测量误差的估算。使用这类仪表时,测量值的绝对误差和相对误差可分别用式(1-16)和式(1-17)计算。

绝对误差 $$D(x) \leqslant 0.5 \times 名义分度值 \tag{1-16}$$

相对误差 $$E_r(x) = \frac{0.5 \times 名义分度值}{测量值} \tag{1-17}$$

从以上两类仪表可知,测量值越接近量程上限,其测量准确度越高;测量值越远离量程上限,其测量准确度越低。这就是为什么使用仪表时,尽可能在仪表满刻度值的 2/3 以上量程内进行测量。

(2) 间接测量值的误差估算 间接测量值是由一些直接测量值按一定的函数关系计算得到,由于直接测量值有误差,因而间接测量值也必然存在误差。怎样由直接测量值的误差估

算间接测量值的误差？这就涉及误差的传递问题。

设有一间接测量值 y，y 是直接测量值 x_1，x_2，…，x_n 的函数，即 $y=f(x_1, x_2, …, x_n)$，Δx_1，Δx_2，…，Δx_n 分别表示直接测量值 x_1，x_2，…，x_n 的由绝对误差值引起的增量，Δy 表示由 Δx_1，Δx_2，…，Δx_n 引起的 y 的增量。则

$$\Delta y = f(x_1+\Delta x_1, x_2+\Delta x_2, …, x_n+\Delta x_n) - f(x_1, x_2, …, x_n) \tag{1-18}$$

由泰勒（Taylor）级数展开，并略去二阶以上的量，得到

$$\Delta y = \frac{\partial y}{\partial x_1}\Delta x_1 + \frac{\partial y}{\partial x_2}\Delta x_2 + … + \frac{\partial y}{\partial x_n}\Delta x_n \tag{1-19}$$

或

$$\Delta y = \sum_{i=1}^{n}\frac{\partial y}{\partial x_i}\Delta x_i \tag{1-20}$$

在数学上，式中 Δx_i 和 $\frac{\partial y}{\partial x_i}\Delta x_i$ 均可正可负。但在误差估算中常常又无法确定它们是正是负，因此式(1-20)无法直接应用于误差的估算。

① 最大误差法（绝对值相加法）。从最坏的情况出发，不考虑每个直接测量值的绝对误差对 y 的绝对误差的影响实际上有抵消的可能，此时间接测量值 y 的最大绝对误差为

$$D(y) = \sum_{i=1}^{n}\left|\frac{\partial y}{\partial x_i}D(x_i)\right| \tag{1-21}$$

式中，$\frac{\partial y}{\partial x_i}$——误差传递系数；$D(x_i)$——直接测量值的绝对误差；$D(y)$——间接测量值的最大绝对误差。

最大相对误差的计算式为

$$E_r(y) = \frac{D(y)}{|y|}\sum_{i=1}^{n}\left|\frac{\partial y}{\partial x_i}\frac{D(x_i)}{y}\right| \tag{1-22}$$

② 几何合成法。绝对值相加法是根据最大误差法计算误差，均是从最坏的情况出发，不考虑误差实际上有抵消的可能，求的是误差的最大值。根据概率论，采用几何合成法则较符合失误固有的规律。

间接测量值 y 值的绝对误差为

$$D(y) = \sqrt{\left[\frac{\partial y}{\partial x_1}D(x_1)\right]^2 + \left[\frac{\partial y}{\partial x_2}D(x_2)\right]^2 + … + \left[\frac{\partial y}{\partial x_n}D(x_n)\right]^2} = \sqrt{\sum_{i=1}^{n}\left[\frac{\partial y}{\partial x_i}D(x_i)\right]^2} \tag{1-23}$$

间接测量值 y 值的相对误差为

$$E_r(y) = \frac{D(y)}{|y|} = \sqrt{\left[\frac{\partial y}{\partial x_1}\frac{D(x_1)}{y}\right]^2 + \left[\frac{\partial y}{\partial x_2}\frac{D(x_2)}{y}\right]^2 + … + \left[\frac{\partial y}{\partial x_n}\frac{D(x_n)}{y}\right]^2} \tag{1-24}$$

从式(1-21)～式(1-24)可以看出，间接测量值的误差不仅取决于直接测量值的误差，还取决于误差传递系数。

③ 常用函数形式的误差计算式（几何合成法）。现将常用函数形式采用几何合成法计算的误差表达式列于表1-1。从表中可知，对于乘除运算式，先计算相对误差，再计算绝对误差较方便；对于加减运算式，则正好相反。积和商的相对误差等于参与运算的各项的相对误差之和，而幂运算结果的相对误差等于其底数的相对误差乘其方次。因此，乘除法运算进行得越多，计算结果的相对误差也就越大。

表 1-1　某些函数误差几何合成法的简便公式

函数式	绝对误差 $D(y)$	相对误差 $E_r(y)$
$y=c$	$D(y)=0$	$E_r(y)=0$
$y=x_1+x_2+x_3$	$D(y)=\sqrt{[D(x_1)]^2+[D(x_2)]^2+[D(x_3)]^2}$	$E_r(y)=D(y)/|y|$
$y=cx_1-x_2$	$D(y)=\sqrt{[D(cx_1)]^2+[D(x_2)]^2}$	$E_r(y)=D(y)/|y|$
$y=cx$	$D(y)=|c|\times D(x)$	$E_r(y)=D(y)/|y|=E_r(x)$
$y=x_1 x_2$	$D(y)=E_r(y)\times |y|$	$E_r(y)=\sqrt{[E_r(x_1)]^2+[E_r(x_2)]^2}$
$y=cx_1/x_2$	$D(y)=E_r(y)\times |y|$	$E_r(y)=\sqrt{[E_r(x_1)]^2+[E_r(x_2)]^2}$
$y=(x_1 x_2)/x_3$	$D(y)=E_r(y)\times |y|$	$E_r(y)=\sqrt{[E_r(x_1)]^2+[E_r(x_2)]^2+[E_r(x_3)]^2}$
$y=x^n$	$D(y)=E_r(y)\times |y|$	$E_r(y)=|n|E_r(x)$
$y=\sqrt[n]{x}$	$D(y)=E_r(y)\times |y|$	$E_r(y)=\dfrac{1}{n}E_r(x)$
$y=\lg x$	$D(y)=0.4343 E_r(x)$	$E_r(y)=D(y)/|y|$

(3) 多次测量值的误差估算　如果某一物理量的值是通过多次测量得出的，那么该测量值的误差可通过标准误差来估算。

设某一物理量重复测量了 n 次，各次的测量值为 $x_1, x_2, \cdots, x_n$，则该组数据的

平均值　　　　　　　　$\bar{x}=(x_1+x_2+\cdots+x_n)/n$ 　　　　　　　　(1-25)

标准误差　　　　　　　$\sigma=\sqrt{\dfrac{\sum(x_i-\bar{x})^2}{(n-1)}}$ 　　　　　　　　(1-26)

绝对误差　　　　　　　$D=\dfrac{\sigma}{\sqrt{n}}$ 　　　　　　　　(1-27)

相对误差　　　　　　　$E_r=\left(\dfrac{\sigma}{\sqrt{n}}\right)\Big/\bar{x}$ 　　　　　　　　(1-28)

1.2.5　实验结果处理方法

(1) 列表法　将实验数据按自变量与因变量的关系以一定的顺序列成数据表，即为列表法。列表法通常是整理数据的第一步，它具有简单易做、数据便于参考比较的优点。实验数据列表可分为原始数据记录表、中间运算表和计算结果表。它们是根据实验内容设计的专门的表格。

实验原始数据记录表是根据实验内容设计的，该表格必须在实验之前设计完成。例如，流体流动阻力测定实验的原始数据记录表如表 1-2 所示。

表 1-2　流体流动阻力（直管阻力）测定实验原始数据记录

实验日期：____　管子材料：____　水温 $t=$____ ℃　水的密度 $\rho=$____ kg/m³　水的黏度 $\mu=$____ Pa·s

管路 1 的测压点间距 $L_1=$____ m；管内径 $d_1=$____ mm；
管路 2 的测压点间距 $L_2=$____ m；管内径 $d_2=$____ mm。

序号	流量 V_h/(m³/h)	管路 1 的压降/mm 液柱			流量 V_h/(m³/h)	管路 2 的压降/mm 液柱		
		左	右	净值		左	右	净值
1								
2								
…								

在实验过程中,完成一组实验数据的测试,必须及时地将有关数据记录在表内,当实验完成后得到一张完整的原始数据记录表。切忌采用按操作岗位独自记录,最后在实验完成后重新整理成原始数据记录的记录方法。

中间运算表有助于进行运算,不易混淆。实验结束后,应对所记录的实验数据进行分析,并根据所记录的原始实验数据计算出中间结果。最终结果表只表达主要变量之间的关系和实验的结论,如表 1-3 所示。

表 1-3 流体流动阻力(直管阻力)测定实验数据处理

序号	管路 1 的阻力					管路 2 的阻力				
	流量 V_h/(m³/h)	u/(m/s)	h_f/(J/kg)	Re	λ	流量 V/(m³/h)	u/(m/s)	h_f/(J/kg)	Re	λ
1										
2										
…										

为了得到关于实验研究结果的完整概念,表中所列的数据应该有足够的量。同时,在相同条件下的重复实验数据也应列入表内。根据实验内容设计实验表格时,应注意以下问题。

① 表的标题要清楚、醒目,能恰当说明问题。表格设计要简明扼要,一目了然,便于阅读和使用;记录和计算项目应满足实验要求。

② 表头应列出变量名称、符号、计量单位等,同时要注意层次清楚、顺序合理。

③ 记录数据要注意有效数字,要必须反映仪表的精度。

④ 物理量的数值较大或较小时,应采用科学记数法。阶数部分以 $10^{\pm n}$ 形式记入表头。例如,$Re=43000$ 可采用科学记数法记作 $Re=4.3\times10^4$,在名称栏中记为 $Re\times10^4$,数据表中可记为 4.3。

列表法记录数据具有简单易做、形式紧凑和数据易比较的优点。列表法是图示法和方程(函数)表示法的基础,但用列表法表示实验数据,其变化规律和趋势不明显,有时不能满足进一步研究分析的需要。

(2) 图示法 为了便于比较和简明直观地反映出数据结果的变化规律或趋势,有利于问题的分析和讨论,可将实验数据用实验图线表示出来,这种方法称为实验数据的图示法。它与列表法相比,能更直观地反映出变量之间的关系,显示出变化趋势和变化的极值点、周期性、转折点和变化率等特性。准确的图线还可以帮助数据处理者选择描述图线的函数形式,便于分析整理得到函数关系式,因此图示法是数据处理最常用的方法。

根据数据作图,通常包括六个步骤,现分别讨论如下。

① 坐标的选择。化工常用的坐标有直角坐标、双对数坐标和半对数坐标。为了获得更简明、规律性更好的曲线,根据数的关系或预测的函数形式选择不同形式的坐标。对于线性函数 $y=ax+b$,则可采用普通的直角坐标系;对于幂函数关系 $y=ax^n$,等式两边取对数后可变形为 $\lg y=\lg a+n\lg x$,将非线性关系变换成线性关系,则可采用双对数坐标;指数函数采用半对数坐标,进行图形线性化处理。

② 坐标的分度。是指每条坐标轴所代表的数值的大小,即坐标选用比例尺的大小。坐标的分度要考虑横纵分度值要合理,以使每一个数据点在坐标系上的位置能方便找到,以便在图上读出数据点的坐标值。坐标原点不一定为零。坐标分度值应与实验数据的有效数字相一致,即实验曲线的坐标读数的有效数字位数与实验数据的位数相同。

③ 坐标分度值的标记。为了便于阅读，坐标纸上应该标出一些主坐标线的分度值，有时在一些副坐标线上也标记数值。另外，每个坐标轴必须注明名称、单位和坐标方向。

④ 数据描点。将实验结果按照自变量和因变量关系逐点标绘在坐标系上。若在同一张坐标系上同时标绘几组不同的数据，应以不同的符号（如▲、△、◆、○、★等）加以区别。

⑤ 绘制图线。将图上若干点绘制成一条光滑连续的曲线。绘制曲线时，应尽可能使曲线通过较多的数据点，且均匀分布于曲线的两侧，个别偏离曲线较远的点应加以剔除。一般情况下，曲线的范围应在第一个数据点到最后一个数据点之间，不能随意延长曲线。

⑥ 图注和说明。需要在已绘制完成的图形中标注图中符号的含义及数据来源。

(3) 方程（函数）表示法　虽然采用列表法、图示法可处理实验数据，反映变量与自变量之间的关系，但图示法由离散点绘制曲线时存在一定的随意性，而列表法还不能连续表达对应关系，用计算机处理会有很多不便。因此，还常将所获得的数据采用函数关系（或经验公式），以描述过程或现象的规律，为工程应用提供了一定的方便。

化工原理的实验数据整理成方程式的方法有两种：一种是以某种函数形式（大多采用多项式幂函数）来拟合数据，另一种是对所研究的现象或过程做深入的理解和合理简化后，建立数学模型，而后通过实验数据来确定模型参数。

一般在两种情况下实验数据处理采用方程表示法。一种是对研究问题有深入的了解，如流体力学和传热过程，采用量纲分析得到物理量之间的关系，写出特征数函数之间的关系，再通过试验确定方程中的常数。另一种是对实验数据的函数形式未知，将实验数据绘成曲线，参考已知函数曲线选择适宜的函数，要求所选函数形式简单，所含常数较少，能准确表达实验数据之间的关系。在实际工作中，通常在保证必要的准确度的条件下，尽可能选择简单的线性关系形式。

化学化工是以实验数据研究为主的科学领域，其过程的影响因素很多，很难写出描述过程的确切的数学模型，而经常采用纯经验方法、半理论分析方法和由实验曲线形状确定相应的实验公式。

① 纯经验方法。纯经验方法是根据各专业人员长期积累的经验，有时也可决定整理数据时应采用什么样的数学模型。将一组实验数据在坐标系中绘制成曲线，然后与典型函数曲线进行对比，通过比较如果发现某种已知的典型函数曲线与实验数据绘制的曲线相似，那就可以采用那种函数曲线的方程作为待定的经验方程式。

② 半理论分析方法。化工原理课程中介绍的由量纲分析法计算出特征数关系式是最常见的一种方法。用量纲分析法不需要导出过程或现象的微分方程。如果已经有了微分方程但暂时还难得出解析解，或者又不想用数值解时，也可以从中导出特征数关系式，然后由实验来确定其系数值。例如，热量传递过程的特征数关系式为 $Nu = ARe^b Pr^c$，式中的常数 A，b，c 可由实验数据通过计算求出。又如在一些化学反应过程中常有 $y = ae^{bt}$ 形式的关系式，对溶解热或比热容和温度的关系常可用多项式 $y = b_0 + b_1 x + b_2 x^2 + \cdots + b_m x^m$ 来表达。

③ 由实验曲线求经验公式。在整理实验数据时，如果对选择模型既无理论指导又无经验可借鉴，可将实验数据绘制在普通坐标纸上，得到一条曲线或者直线。如果是直线，则根据初等数学可知 $y = ax + b$，其中 a 值和 b 值可由直线的截距和斜率求得。如果是曲线，即 y 和 x 不是线性关系，则可将实验曲线与典型函数曲线对比，选择与实验曲线相似的典型曲线函数，然后用线性化方法对所选函数与实验数据的符合程度进行检验。采用的函数的线性化方法如表 1-4 所示。

表 1-4　函数的线性化方法

序号	公式	直线化方法	直线化后所得的线性方程式	备注
1	$y = ax^{bx}$	$X = \lg x$；$Y = \lg y$	$Y = \lg a + bx$	
2	$y = ac^{bx}$	$Y = \ln y$	$Y = \ln a + bx$	
3	$y = \dfrac{1}{a+bx}$	$Y = \dfrac{1}{y}$	$Y = a + bx$	
4	$y = \dfrac{x}{a+bx}$	$Y = \dfrac{x}{y}$	$Y = a + bx$	
5	$y = a + bx + cx^2$	$Y = \dfrac{y - y_1}{x - x_1}$	$Y = (b + cx_1) + cx$	确定 b、c 后，再从下式求 a（n 为实验数据组数）：$\sum y = na + b\sum x + c\sum x^2$
6	$y = \dfrac{a+bx}{c+dx}$	$Y = \dfrac{x - x_1}{y - y_1}$	$Y = A + Bx$	求得 A、B 后带入下式并整理：$y = y_1 + \dfrac{x - x_1}{A + Bx}$

注：式中，x_1、y_1 是已知曲线上任意点的坐标。

1.3　化工原理实验基本安全知识

化工原理实验是一门实践性很强的专业基础课程，也是一门重要的工程实训课程，实验过程中难免接触到易燃、易爆、有腐蚀性或毒性的物质，同时各种装置涉及高温、高压、低温、真空环境，高速转动等操作条件，实验室涉及大功率用电、高压用电等设施安全，以及各类测量、测控仪表等安全操作，各类阀门等的合理控制等，这些均属于安全操作范畴，均应作为实验者必须掌握的实验安全必备知识。

1.3.1　实验室安全消防知识

化工原理实验涉及易燃溶剂，实验过程需要采用大功率加热装置等，有易发生火灾事故的风险，因此实验操作人员必须掌握相关消防安全知识，确保实验安全。实验室内应准备一定数量的消防器材，实验人员应熟悉消防器材的存放位置和使用方法，决不允许将消防器材移作他用。同时要定期加强实验室消防器材的质量检查与追踪，及时更换到期的灭火器材，定期维护各类消防应急措施。实验室采用的消防器材包括以下几种。

（1）沙箱　易燃液体和其他不能用水灭火的危险品着火可用沙子来扑灭。沙子能隔绝空气并起到降温作用，达到灭火的目的。但沙子中不能混有可燃性杂物，并且要干燥。潮湿的沙子遇火后因水分蒸发，易使燃着的液体飞溅而发生次生危害。沙箱中存沙量有限，实验室内又不能存放过多沙箱，故这种灭火工具只能扑灭局部小规模的火源。对于大面积火源，因沙量太少而作用不大。此外，还可用其他不燃性固体粉末灭火。另外，沙子也可作为一些弱挥发性化学试剂倾覆后的覆盖暂处剂，如浓酸泄漏等的处置。

（2）干粉灭火器　干粉灭火器筒内充装磷酸铵盐干粉和作为驱动力的氮气，使用时先拔掉保险（有的是拉起拉环），再按下压把，干粉即可喷出。干粉灭火器适宜扑救固体易燃物（A类）、易燃液体及可融化固体（B类）、易燃气体（C类）和带电器具的初期火灾，但不得用于扑救金属材料火灾。使用时应注意：灭火时要接近火焰根部喷射；干粉喷射时间短，喷射前要选择喷射目标；由于干粉容易飘散，不宜逆风喷射。

（3）泡沫灭火器　实验室多用手提式泡沫灭火器。它的外壳用薄钢板制成，内有一个玻璃胆，其中盛有硫酸铝，胆外装有碳酸氢钠溶液和发泡剂（甘草精）。灭火液由50份硫酸铝和50份碳酸氢钠及5份甘草精组成。使用时将灭火器倒置振荡，可立即发生化学反应生成含CO_2的泡沫。此泡沫黏附在燃烧物表面上，通过在燃烧物表面形成与空气隔绝的薄层而达到灭火目的。该类灭火器适用于扑灭实验室中发生的一般火灾，在油类着火开始时可以使用，但不能扑灭电线和电器设备火灾，因为泡沫本身是导电的，这样容易造成扑火人触电。

（4）二氧化碳灭火器　此类灭火器筒内装有压缩的CO_2，使用时旋开手阀，CO_2就能急剧喷出，使燃烧物与空气隔绝，同时降低空气中氧气的含量。当空气中含有12%～15%的CO_2时，燃烧就会停止。该类灭火器是实验室较为良好的灭火器，具有灭火的同时不会造成现场其他设施、设备污损的特点，非常适合扑灭实验室的初期火灾。但是该类灭火器大量释放的二氧化碳会造成现场氧气浓度下降，燃烧物不完全燃烧生成一氧化碳等有害气体，故使用该类灭火器时必须有效防止现场人员窒息。

（5）灭火毯　又称消防被、灭火被、防火毯、消防毯、阻燃毯、逃生毯，是由玻璃纤维等材料经过特殊处理编织而成的织物，能起到隔离热源及火焰的作用，可用于扑灭小范围液体容器着火或者小面积可覆盖火源，也可以在火灾发生时由现场人员披覆在身上逃生。灭火毯是一种质地非常柔软的消防器具，在火灾初始阶段能以最快速度隔氧灭火，控制灾情蔓延，还可作为及时逃生用的防护用品，只要将毯子裹于全身，由于毯子本身具有防火、隔热的特性，在逃生过程中人的身体就能得到很好的保护。化工原理实验过程中涉及易燃液体的实验室、局部存在高温的实验室应该配备一些灭火毯用于预防。

（6）卤代烷（1211）灭火器　此类灭火器适用于扑救由油类、电器类、精密仪器等引发的火灾。在一般实验室内使用不多，对大型及大量使用可燃物的实验场所应配备此类灭火器。

（7）消防烟雾探头等消防报警设施　实验室一般应配备必要的烟雾探头设施、可燃气体泄漏报警装置。这些装置应与自动报警、应急控制装置联动，通过良好的技术手段减少事故发生。

实验人员除了要熟悉上述各种消防应急器材的使用方法，还应掌握必要的火灾逃生知识和快速脱险技能，确保在实验过程中发生不可控火灾时快速逃生，保证生命安全。

1.3.2　实验室用电安全知识

化工原理实验中的电器设备较多，如传热实验装置、干燥速率曲线的测定、精馏实验等装置和设备用电负荷较大，电压较高，大多使用380V三相交流电源供电。在接通电源之前，必须认真检查电器设备和电路是否符合规定要求；必须弄清整套实验装置的启动和停车操作顺序，以及紧急停车的方法。注意安全用电极为重要，对电器设备必须采取安全措施，操作者必须严格遵守下列操作规定。

（1）进行实验之前必须了解室内总电源开关与各装置分电源开关的位置，以便出现用电故障时能及时切断电源。

(2) 接触或操作电器设备时,手必须干燥。所有的电器设备在带电时不能用湿布或带有腐蚀性的洗涤剂擦拭,更不能使水落于其上。不能用试电笔去试380V的高压电。使用万用电表对电路检查时必须按正确的操作进行。

(3) 电器设备维修时必须停电作业,如接换保险丝、部分电路故障需要维修及临时处理时,维修完毕一定要确保设备电路正常后才能有序通电试验。

(4) 启动电动机前先确保电动机能够正常旋转,合上电闸后,立即查看电动机是否已转动,转向是否为正常旋转方向;若不转动或反向转动应立即切断电源,否则电动机很容易被烧毁。若设备使用三相电源,一般实验室应推荐使用空气开关或交流接触器开关,采用低压控制高压的方式进行电源控制。

(5) 电源或电器设备上的保护熔断丝或保险管都应按规定电流标准使用,不能任意加大,更不允许用铜丝或铝丝代替。原则上各装置应配置匹配负荷的空气隔离开关和漏电保护开关。

(6) 若电器设备是电热器,在向它通电之前一定要弄清进行电加热所需的前提条件是否已经具备。例如在精馏塔实验中,在接通塔釜电热器之前,必须弄清釜内液面是否符合要求,塔顶冷凝器的冷却水是否已经打开。在干燥实验中,在接通空气预热器的电热器之前应先打开空气鼓风机,才能给预热器通电。对于可调节加热功率的装置,一定要先用小功率加热,再缓慢调节加热功率实现合理的加热方式。另外电热器不能直接放在木制实验台上使用,必须用隔热材料作垫架,以防引起火灾。对于内热式加热装置,如用电热管对液体加热的装置,实验结束后不能立即卸掉加热液体,应待被加热液体冷却到常温或用其低温液体置换,确保加热管冷却后才能排空加热器内的全部液体。

(7) 所有电器设备的金属外壳应接上地线,并定期检查是否连接良好;实验室内各实验装置之间的金属外壳必须通过等电位连接。

(8) 导线的接头应紧密牢固,裸露的部分必须用绝缘胶布包好,或者用塑料绝缘管套好;实验室不允许使用裸露的金属导线供电,不能使用绝缘层老化的电线供电;对于大功率电器的电源线应该定期更换,确保绝缘层质量可靠。

(9) 在电源开关与电器设备之间,设有电压调节器或电流调节器,其作用是调节电器设备的用电情况。在这种情况下,接通电源开关之前,一定要先检查电压或电流调节器当前所处的状态,并将它置于"零位"状态。否则,在接通电源开关时电器设备会在较大功率下运行,这样有可能造成电器设备的损坏。

(10) 在实验过程中,如果发生停电现象,必须切断电源,以防操作人员离开现场后因突然供电而导致电器设备在无人监控下运行。

1.3.3 危险品安全使用知识

为了确保设备和人身安全,从事化工原理实验的人员必须具备危险品安全知识。实验室常用的危险化学品必须合理分类存放。对不同的危险化学品,在为扑救火灾而选择灭火剂时,必须针对化学品的性质进行选用,否则不仅不能取得预期效果,反而会引起其他危险。如精馏实验可能会用到乙醇、正丙醇、苯、甲苯等化学品;吸收实验可能会用到丙酮、氨气等化学品,其中就包含了危险化学品。这些危险化学品大致可分为以下几种类型。

(1) 易燃品 是指易燃的液体、液体混合物或含有固体物质的液体或易燃固体等。易燃品在实验室内易挥发和燃烧，达到一定浓度时遇明火就会着火。若在密闭容器内着火，甚至会造成容器因超压而破裂、爆炸。易燃液体的蒸气密度一般比空气大，当它们在空气中挥发时，常常在低处或地面漂浮。因此，在距离存放这类液体处相当远的地方也可能着火，着火后容易蔓延并回传，引燃容器中的液体。所以使用这类物品时，必须严禁明火、远离电热器或其他热源，更不能同其他危险化学品放在一起，以免引起更大危害。

化工原理精馏实验中会涉及有机溶液加热，其蒸气在空气中的含量达到一定浓度时，就能与空气（实际上是氧气）构成爆炸性的混合气体。这种混合气体若遇到明火会发生闪燃爆炸。在实验室中如果认真严格地按照规程操作，是不会有危险的。因为构成爆炸应具备可燃物在空气中的浓度在爆炸极限范围内和有明火存在两个基本条件。因此，防止爆炸的方法就是使可燃物在空气中的浓度在爆炸极限以外，同时杜绝明火。故在实验过程中必须保证精馏装置严密、不漏气，保证实验室通风良好，并禁止在室内使用明火和敞开式的电热器，也不能快速加热，致使液体急剧汽化，冲出容器，更不能让室内有产生火花的必要条件存在。总之，只要严格掌握和遵守有关安全操作规程就不会发生事故。

(2) 毒品 凡是少量就能使人中毒受害的物品都称为毒品。中毒途径有误服、吸入呼吸道或皮肤被沾染等。其中有的毒品蒸气有毒，如汞；有的固体或液体有毒，如钡盐、农药。毒品根据对人体的危害程度分为剧毒品（氰化钾、砒霜等）和有毒品（农药等）。使用这类物品时应十分小心，以防止中毒。实验所用的毒品应有专人管理，建立购买、保存、使用档案。剧毒品的使用与管理还必须符合国家相关法律法规规定的五双条件，即两人管理，两人收发，两人运输，两把锁，两人使用。

在化工原理实验中，往往被人们忽视的毒品是一些水银压力计和水银温度计中的汞。如果操作不慎，压力计中的汞可能被冲洒出来。汞是一种积累性的有毒物质，进入人体不易排出，累积多了就会中毒。因此，一方面装置中应尽量避免采用汞；另一方面要谨慎操作，开关阀门要缓慢，防止冲走压力计中的汞，且操作过程要小心，不要碰破压力计。一旦汞冲洒出来，一定要尽可能地将它收集起来，无法收集的细粒，也要用硫黄粉或氯化铁溶液覆盖。因为细粒汞蒸发面积大，易于蒸发汽化，不易采用扫帚扫或用水冲的办法消除。为了确保化工原理实验过程中减少或杜绝汞污染，原则上化工原理实验室的温度采用温度传感器测量，压力采用精密压力表或压力传感器测量。

(3) 易制毒化学品 易制毒化学品是指用于非法生产、制造或合成毒品的原料、配剂等化学药品，包括用以制造毒品的原料前体、试剂、溶剂及稀释剂等。易制毒化学品本身并不是毒品，但具有双重性。易制毒化学品既是一般医药、化工生产的工业原料，又是生产、制造或合成毒品中必不可少的化学品。

化工原理吸收实验中可能用到的丙酮、精馏实验中可能用到的甲苯等都属于受管制的三类药品。这些易制毒化学品应按规定实行分类管理。使用、储存易制毒化学品的单位必须建立、健全易制毒化学品的安全管理制度。单位负责人负责制定易制毒化学品的安全使用操作规程，明确安全使用注意事项，并督促相关人员严格按照规定操作。教学负责人、项目负责人对本组的易制毒化学品的使用安全负直接责任。落实保管责任制，责任到人，实行两人管理。管理人员需报公安部门备案，管理人员的调动需经部门主管批准，做好交接工作，并进行备案。为了实验人员的安全，减少该类化学试剂的使用风险，一般推荐使用非管制的低毒化学试剂作为实验试剂。如精馏实验中仅选用乙醇-水体系，吸收实验中选用纯水吸收二氧化碳等。

1.3.4 高压钢瓶安全使用知识

在化工原理实验中，另一类需要特别注意的物品就是装在高压钢瓶内的各种高压气体。化工原理实验中所用的这类高压气体种类较多：一类是具有刺激性气味的气体，如吸收实验中的氨、二氧化硫等，这类气体的泄漏一般容易被发觉；另一类是无色无味，但有毒或易燃、易爆的气体，如常作为色谱载气的氢气，室温下在空气中的爆炸范围为4%～75.2%（体积分数）。因此，使用有毒或易燃、易爆气体时，系统一定要严格不泄漏，尾气要导出室外，并注意通风。

高压钢瓶（又称气瓶）是一种储存各种压缩气体或液化气体的高压容器。钢瓶的容积一般为40～60L，最高工作压力为15MPa，最低工作压力也在0.6MPa以上。瓶内压力很高，储存的气体可能有毒或易燃、易爆，故使用气瓶时一定要掌握气瓶的构造特点和安全知识，以确保安全。

气瓶主要由筒体和瓶阀构成，其他附件还有保护瓶阀的安全帽、开启瓶阀的手轮以及使运输过程减少震动的橡胶圈。在使用时，瓶阀的出口还要连接减压阀和压力表。标准气瓶是按国家标准制造的，经有关部门严格检验后方可使用。各种气瓶在使用过程中还必须定期送有关部门进行水压试验。经过检验合格的气瓶，在瓶肩上应该用钢印打上下列信息：制造厂家、制造日期、气瓶型号和编号、气瓶质量、气瓶容积和工作压力、水压试验压力、水压试验日期和下次试验日期。使用时应确保使用合格的气瓶，有生产缺陷、缺少减震橡胶圈、未定期送检或超期服役的气瓶应禁止进入实验场所。

各类气瓶的表面都应涂上一定颜色的油漆，其目的不仅是防锈，主要是能从颜色上迅速辨别气瓶中所储存气体的种类，以免混淆。常用气瓶的基本标识见表1-5。

表1-5 常用气瓶的基本标识

气体名称	气瓶颜色	字样	字色	色环	备注
氢气	淡绿	氢	大红	20MPa,淡黄色单环；30MPa,淡黄色双环	接口反向螺纹
氧气	淡蓝	氧	黑	20MPa,白色单环；30MPa,白色双环	接口正向螺纹
氮气	黑	氮	淡黄		
空气	黑	空气	白		
氩气	银灰	氩	深绿		
氦气	银灰	氦	深绿		
二氧化碳	铝白	液化二氧化碳	黑	20MPa,黑色单环	

为了确保安全，化工原理实验室应该减少钢瓶气体的使用，尽量集中供气或使用气体发生装置替换钢瓶气。如氢气发生器、氮气发生器、空气压缩机等生产的气体进行一定脱水处理、纯化干燥均能满足大多数实验需要。通过这些气体发生装置产生的气体流量小、压力低，不易发生爆炸危险和高压伤害，属于可控气体。一般学生实验应优先选用该类装置供气，确保实验者的安全，消除实验室安全隐患。

在确实需要使用钢瓶供气的环境中，必须严格遵守相关管理规定，按照操作规程和实验流程有序操作,过程中一定要注意以下几点。

(1) 使用高压钢瓶的主要危险是钢瓶可能爆炸和漏气。若高压钢瓶遭受日光直晒或靠近热源,瓶内气体受热膨胀,以致压力超过高压钢瓶的耐压强度时,容易引起钢瓶爆炸。另外,可燃性压缩气体漏气也会造成危险,应尽可能避免氧气钢瓶和可燃性气体钢瓶放在同一房间使用(如氢气钢瓶和氧气钢瓶),因为两种钢瓶同时漏气时更易引起着火和爆炸。如氢气泄漏时,当氢气与空气混合后氢气含量达到 4%~75.2%(体积分数)时,遇明火会发生爆炸。按相关规定,可燃性气体钢瓶与明火的距离应在 10m 以上。

(2) 搬运气瓶时,应戴好气瓶的安全帽和橡胶圈,并严防气瓶倾倒或受到撞击,以免发生意外爆炸事故。使用气瓶时,必须将其牢靠地固定在防倾覆的架子上、刚性墙体上或可靠的实验台旁。必要时,实验室应配置有报警装置和微负压装置的专用气瓶柜,实验室内移动气瓶应使用专用推车。气瓶应该放置在阳光不能直射的位置,紧靠的墙面应该是爆炸可缓冲泄压墙体。

(3) 绝不可把油或其他可燃性有机物黏附在气瓶上(特别是出口和气压表处),也不允许用棉、麻、织物、纸张等堵漏和覆盖,以防快速燃烧并发生事故。气瓶周围一定要留有安全距离,不能将气瓶设置在疏散通道或门口等位置。气瓶上方和周围不能有重物或易倾覆的物体。

(4) 使用气瓶时,一定要用气压表,而且各种气压表一般不能混用。一般可燃性气体的气瓶气门螺纹是反扣的(如 H_2、CH_4、C_2H_2 等),不燃性或助燃性气体的钢瓶气门螺纹是正扣的(如 N_2、O_2 等)。同时各种气压表、压力调节阀还必须注明材质,即哪些使用铜质的、哪些需要不锈钢材质的必须分清楚,以免混用造成危险。

(5) 使用气瓶气时必须连接减压阀或高压调节阀,不经过这些部件让系统直接与气瓶连接是十分危险的。

(6) 使用气瓶气前必须确保管路连接正确,尾气处理合理,对于有毒气体必须有必要的安全防护和应急处置措施。开阀前必须双人检查管路,符合通气条件后才能开启气体总阀。开启气瓶阀门及调压时,人不要站在气体出口的前方,头不要在瓶口之上,而应在瓶的侧面,以防万一钢瓶的总阀门或气压表被冲出而伤人。

(7) 气瓶使用过程中应定期检查记录气瓶气体余量,当气瓶使用到瓶内压力为 0.5MPa 时(部分气体有特殊要求),应停止使用。压力过低会给再次充气带来不安全因素,当气瓶内压力与外界压力相同时,会导致空气进入,影响其纯度,甚至有发生爆炸的危险。

1.4 化工原理实验的教学环节及要求

1.4.1 实验预习

(1) 认真阅读化工原理实验教材、观看教材配备的数字化资源和有关指导书,了解实验目的和要求、实验原理、实验步骤和所需测量的实验参数,掌握其操作过程及实验注意事项。

(2) 到实验室现场了解实验装置,熟悉装置结构、流程和测量仪表及安装位置,了解其测量原理和使用方法,全面审查整个实验流程的布置是否合理,主要设备的结构和安装是否合适,测量仪表的量程和精度是否合适。

(3) 根据实验任务确定实验方案和实验操作程序,完成实验预习报告,内容包括实验目的、实验原理、实验流程、操作步骤和注意事项等。准备原始数据记录表格,并标明各参数的单位。

1.4.2　实验操作与记录

(1) 一般以2~4人为一个实验小组,实验前进行实验分工,明确要求,做到既分工,又合作;既能保证质量,又能获得全面训练。

(2) 实验操作是动手动脑的重要过程,进入实验室前应高度注意实验安全,自觉接受实验室安全教育,进入实验室后一定要严格按照操作规程进行实验,设计好测量范围、测量点数目和布局等,并做好实验时间安排。

(3) 实验操作开始前,应仔细检查实验装置及仪器仪表是否完好,对电动机、风机、泵等运转设备进行检查;对各种阀门,尤其是回路阀或旁路阀,应仔细检查其开启情况。准备完成后,方可开始实验操作。

(4) 实验过程中仔细按照实验开始前拟定的记录表格,依次记录各物理量的名称、表示符号及单位。每位实验者都应有一本专用实验记录本,不应随便拿一张纸或在实验讲义空白处记录。实验记录一定要保证系统运行稳定后,方可取样或读取数据。数据记录要完整,条例清楚,避免记录错误。

(5) 每个数据记录后,应该立即复核,以免发生读错或记错数字等事故。

(6) 数据记录必须反映仪表的精确度。一般要记录到仪表上最小分度的下一位数。例如,温度计的最小分度是1℃,如果当时的温度读数为20.3℃,则不能记为20℃;又如果读数刚好是20℃,那应该记录为20.0℃。

(7) 实验过程中,切忌只顾记录数据和操作,忽略了对实验现象的观察。实验过程中如果出现异常现象或数据有明显误差时,应该在数据表中备注说明。实验结束后,小组成员之间或与教师一起认真讨论,研究出现异常现象的原因,及时发现问题、解决问题或者对现象做出合理的分析与解释。

(8) 实验结束后,整理好原始数据,对数据进行初步检查,查看数据的规律性以及是否有遗漏或错误,一旦发现应及时补正。实验记录应请指导教师检查,同意后再停止实验,并将实验设备和仪表复原,切断电源,打扫实验室,经教师允许后方可离开实验室。

1.4.3　实验报告的编写

实验报告是对实验过程的全面总结,是对实验结果进行评估的技术文件。一份优秀的实验报告必须简洁明了、数据完整、交代清楚、结论正确,有讨论,有分析得出的公式或曲线、图形,有明确的使用条件。实验报告是对实验工作本身和实验工作对象进行评价的主要依据,也是书写科技论文和制订科技工作计划的重要依据和参考资料。编写实验报告的能力需要通过严格的训练来提高,以便为今后的研究报告和科技论文打下基础。实验报告是实验者本人对实验过程的描述和实验结果的讨论与分析,杜绝通过抄写实验讲义的内容完成实验报告。实验报告一般应包括以下内容。

① 实验名称。

② 实验时间、报告人、同组人等与实验过程及实验数据真实性相印证的基本信息等。

③ 实验目的。

④ 实验原理，简明扼要地说明为什么要进行这个实验，本实验要解决的问题。

⑤ 实验设备说明（实验装置示意图和主要设备、仪表名称、类型及规格）。

⑥ 实验操作流程和安全要点。

⑦ 实验数据，应包括与实验结果有关的全部数据，报告中的实验数据不是指原始数据，而是经过加工后用于计算的全部数据，至于原始数据记录则可作为附录附于报告后面。

⑧ 数据整理及计算示例，其中引用的数据要说明来源，简化公式要写出推导过程，要列出一列数据的计算过程，作为计算示例。

⑨ 实验结果分析与讨论，讨论范围应只限于与本实验有关的内容，主要包括从理论上对实验结果进行分析和解释，说明其必然性；分析误差大小及产生原因，以及如何提高准确度；对实验中发现的问题应作讨论；由实验结果提出进一步的研究方向或对实验方法、实验装置提出的改进建议；对实验过程中出现的异常现象要尤其注意分析与讨论。

⑩ 实验结论，根据实验结果所得出的最后判断。结论要从实际出发，要有理论根据，对实际生产及工业过程有指导意义。

思考题

1. 什么是误差？误差产生的原因有哪些？如何对误差进行分类？
2. 什么是真值？什么是平均值？如何分类？
3. 试分别阐述测量的准确度、精密度和正确度表示什么意义。
4. 对某物理量进行了两组（每组 5 次）等精度测量，得到的测量值分别为 A 组：2.352、2.328、2.375、2.363、2.339；B 组：2.332、2.389、2.314、2.348、2.429。试计算每组数据的算术平均误差和标准误差。
5. 常用的实验数据处理方法有哪些？

第 2 章
化工原理实验研究与设计方法

2.1 化工原理实验研究方法

化工原理实验是典型的工程实验,不同于无机化学、有机化学、物理化学等基础课程的实验,在基础学科中,较多的实验研究项目以理想化的简单过程或模型作为研究对象,研究的方法也是基于理想过程或模型的严密的数学推理方法,或者就是经典的反应过程和演变过程,实验条件单一,实验方法固定,实验结果可预见。而对化工工程问题实验研究的困难在于所涉及的物料千变万化,如物质、组成、相态、温度、压力均可能有所不同,设备形状尺寸相差悬殊,变量数量众多,如采用通常的实验研究方法,必须遍及所有的流体和一切可能的设备几何尺寸,其浩繁的实验工作量和实验难度是人们难以承受的。一般来说,若过程所涉及的变量为 n,每个变量改变的次数(即水平数)为 m,所需的实验次数 i 为

$$i = m^n \tag{2-1}$$

以流体流动阻力实验为例:影响流体阻力 h_f 的变量有流体的密度 ρ、黏度 μ、管路直径 d、管长 l、管道壁面的粗糙度 ε、流速 u 等 6 个变量,即

$$h_f = f(u, d, l, \varepsilon, \rho, \mu) \tag{2-2}$$

如果按一般的网格法组织实验,若每个变量改变 10 个水平,则实验的次数将多达 10^6 次。这样的实验将消耗大量的物力、财力和人力,不利于科学研究的快速开展。例如,为改变 ρ、μ 必须选用多种流体物料,为改变 d、l、ε 必须建设不同的实验装置,选用不同材质、不同管径及长度的管路。此外,为考察 ρ 的影响而保持 μ 不变则又往往是难以做到的。

因此,针对工程实验的特殊性,必须采用有效的工程实验方法,才能达到事半功倍的效果。在化学工程基础理论的发展过程中,已形成了一系列行之有效的实验方法,这些方法具有两个功效:一是能够"由此及彼",二是可以"由小见大",即借助于模拟物料(如空气、水、沙等),在实验室规模的小设备中,经有限的实验并加以理性的推断而得出工业过程的规律。这种在实验物料上能做到"由此及彼",在设备上能"由小见大"的实验方法理论,正是化学工程基础理论精华之根本。

化学工程学科如同其他工程学科一样,除了总结生产经验以外,开展实验研究是学科建

立和发展的重要基础。多年来,化工原理在发展过程中形成的研究方法有直接实验法、量纲分析法、数学模型法、冷模实验法、过程变量分离法、过程分解与合成法等几种常见的方法。

2.1.1 直接实验法

直接实验法是解决工程实际问题最基本的方法。直接实验法是根据研究的目的、任务,人为地制造或改变某些客观条件,控制或模拟某些自然过程来进行实验研究,得出基本的实验结果和规律。一般是指对特定的工程问题进行直接实验测定,从而得到需要的测定结果。这种方法得到的结果较为可靠,但它往往只能用于条件相同的情况,具有较大的局限性。例如,离心泵特性曲线的测定,对于某型号的离心泵,可根据流量、泵吸入口真空度、出口压力、电动机功率、离心泵叶轮转速确定离心泵特性曲线,但此特性曲线只适用于该台离心泵。又如已知滤浆的浓度,在某一恒压条件下,直接进行过滤实验,测定过滤时间和所得滤液量,根据过滤时间和所得滤液量两者之间的关系,可以做出该物料在某一压力条件下的过滤曲线。如果滤浆浓度改变或过滤压力改变,所得过滤曲线也都将不同。

直接实验法大多针对一些化工生产过程中基本物性参数的测定和基本经典规律的验证,实验装置要求简单,装置就是直接的生产设备的微缩和小型化,通过对部分实验过程的简化和实验条件的理想化进行实验研究,能够通过实验装置的操作得出的实验数据及其规律指导实际生产。直接实验法针对性强,实验结果可靠,对于其他实验研究无法解决的工程问题,仍不失为一种最为直接有效的方法。

2.1.2 量纲分析法

量纲分析法可以不需要对过程充分了解,甚至可以不采用真实物料,真实流体和实际的设备尺寸,仅借助于模拟物料(如空气、水、沙等),在实验室规模的小型设备上,经过一些预备性实验或理论上的分析找出一些过程中的影响因素,根据物理方程的量纲一致性原则和白金汉(Buckingham)的 π 定理进行归纳、概括为有实验依据的经验方程。量纲分析法是建立在对物理量量纲的正确分析基础上的。要掌握好量纲分析法,就必须了解物理量的量纲及相互间的关系。

量纲一致性原则:凡是根据基本的物理规律导出的物理量方程,其中各项的量纲必然相同。

白金汉的 π 定理:用量纲分析所得到的独立的量纲数群个数,等于变量数与基本量纲数之差。

量纲分析法是将多变量函数整理为简单的无量纲数群的函数,然后通过实验归纳整理出算图或特征数关系式,从而减少实验工作量,同时也容易将实验结果应用到工程计算和设计中。

使用量纲分析法时应明确量纲与单位是不同的,量纲是指物理量的种类,而单位是比较同一种类物理量大小所采用的标准。比如:力可以用牛顿、千克力、磅来表示,但单位的种类同属质量类。

量纲有两类:一类是基本量纲,它们是彼此独立的,不能相互导出;另一类是导出量纲,由基本量纲导出。

(1) 量纲分析法的具体步骤

① 从物性变量、设备特征变量、操作变量中确定对所研究的物理现象有影响的独立变量,设共有 n 个: x_1, x_2, …, x_n, 写出一般函数表达式 $f(x_1, x_2, …, x_n)=0$。

② 找出各物理量量纲中所涉及的基本量纲数 r。例如,对于流体力学问题,习惯上指定质量 [M]、长度 [L]、时间 [T],即 $r=3$。

③ 构造因变量和自变量的函数式,通常以指数方程的形式表示。

④ 用基本量纲表示所有独立变量的量纲,并写出各独立变量的量纲式。

⑤ 根据量纲一致性原则和白金汉的 π 定理,列出特征数方程。

⑥ 通过实验归纳总结特征数方程的具体函数式。

由此可看出,利用量纲分析法可将几个变量之间的关系转变为 $(n-r)$ 个新的复合变量(即无量纲特征数)之间的关系。这在通过实验处理工程实际问题时,不但可以使实验数目减少,使实验工作量大幅度降低,而且还可以通过变量之间关系的改变使原来难以进行的实验得以实现。

(2) 量纲分析法举例说明 以获得流体在管内流动的阻力和摩擦系数 λ 的关系式为例。根据摩擦阻力的性质和有关实验研究,得知由于流体内摩擦而出现的压力降 Δp 与 6 个因素有关,写成函数关系式为

$$\Delta p = f(d, l, u, \varepsilon, \rho, \mu) \tag{2-3}$$

这个隐函数是什么形式并不知道,但从数学上讲,任何非周期性函数,用幂函数的形式逼近是可取的,所以化工上一般将其改为下列幂函数的形式

$$\Delta p = k d^a l^b u^c \rho^d \mu^e \varepsilon^f \tag{2-4}$$

尽管上式中各物理量上的幂指数是未知的,但根据量纲一致性原则可知,方程式等号右侧的量纲必须与 Δp 的量纲相同;那么组合成几个无量纲数群才能满足要求呢? 由式(2-3)分析,变量数 $n=7$ (包括 Δp),表示这些物理量的基本量纲 $r=3$(质量 [M]、长度 [L]、时间 [T]),因此根据白金汉的 π 定理可知,组成的无量纲数群的数目为 $N=n-r=4$。

通过量纲分析,将变量无量纲化。式(2-4)中各物理量的量纲分别为

$\Delta p = [ML^{-1}T^{-2}]$; $d = l = [L]$; $u = [LT^{-1}]$; $\rho = [ML^{-3}]$; $\mu = [ML^{-1}T^{-1}]$; $\varepsilon = [L]$。

将各物理量的量纲代入式(2-4),则两端量纲为

$ML^{-1}T^{-2} = k L^a L^b (LT^{-1})^c (ML^{-3})^d (ML^{-1}T^{-1})^e L^f$

根据量纲一致性原则,上式等号两边各基本量的量纲的指数必然相等,可得方程组为

对基本量纲 [M]　　$d+e=1$

对基本量纲 [L]　　$a+b+c-3d-e+f=-1$

对基本量纲 [T]　　$-c-e=-2$

此方程组包括 3 个方程,却有 6 个未知数,设用其中三个未知数 b、e、f 来表示 a、d、c,解此方程组。可得

$$\begin{cases} a=-b-c+3d+e-f-1 \\ d=1-e \\ c=2-e \end{cases} \Rightarrow \begin{cases} a=-b-e-f \\ d=1-e \\ c=2-e \end{cases}$$

将求得的 a、d、c 带入式(2-4),即得

$$\Delta p = k d^{-b-e-f} l^b u^{2-e} \rho^{1-e} \mu^e \varepsilon^f \tag{2-5}$$

将指数相同的各物理量合并得

$$\frac{\Delta p}{u^2 \rho} = k \left(\frac{l}{d}\right)^b \left(\frac{du\rho}{\mu}\right)^{-e} \left(\frac{\varepsilon}{d}\right)^f \tag{2-6}$$

$$\Delta p = 2k \left(\frac{l}{d}\right)^b \left(\frac{du\rho}{\mu}\right)^{-e} \left(\frac{\varepsilon}{d}\right)^f \left(\frac{\rho u^2}{2}\right) \tag{2-7}$$

将此式与计算流体在管内摩擦阻力的公式

$$\Delta p = \lambda \frac{1}{d} \left(\frac{\rho u^2}{2}\right) \tag{2-8}$$

相比较，整理得到研究摩擦系数 λ 的关系式，即

$$\lambda = 2k \left(\frac{du\rho}{\mu}\right)^{-e} \left(\frac{\varepsilon}{d}\right)^f \tag{2-9}$$

或

$$\lambda = \Phi \left(Re, \frac{\varepsilon}{d}\right) \tag{2-10}$$

从以上分析可以看出：在量纲分析法的指导下，将一个复杂的多变量的管内流体阻力的计算问题，简化为对摩擦系数 λ 的研究和确定。它是建立在正确判断过程影响因素的基础上，经过逻辑加工而归纳出的数群。上面的例子只能告诉我们：λ 是 Re 与 ε/d 的函数，至于它们之间的具体形式，归根到底还得靠实验来得出结论，可通过实验形成一种算图或经验公式用以指导工程计算和工程设计。

著名的莫狄（Moody）摩擦系数图，即"摩擦系数 λ 与 Re、ε/d 的关系曲线"就是这种实验的结果。许多实验研究了各种具体条件下的摩擦系数 λ 的计算公式，其中较著名的有适用于光滑管的柏拉修斯（Blasius）公式

$$\lambda = \frac{0.3164}{Re^{0.25}} \tag{2-11}$$

其他研究结果可以参看有关教材及手册。

量纲分析法有两点值得注意：

① 最终所得数群的形式与求解联立方程组的方法有关。在前例中如果不以 b、e、f 来表示 a、d、c 而改为以 d、e、f 表示 a、b、c，整理得到的数群形式也就不同。不过，这些形式不同的数群通过互相乘除，仍然可以变换成前例中所求得的四个数群。

② 必须对所研究过程的问题有本质的了解，如果有一个重要的变量被遗漏或者引进一个无关的变量，就会得出不正确的结果，甚至导致错误的结论。所以应用量纲分析法时必须保持谨慎的态度。

从以上分析可知：量纲分析法是通过将变量组合成无量纲数群，从而减少实验自变量的个数，大幅度减少实验次数，此外另一个极为重要的特性是，若按式(2-3)进行实验时，为改变 ρ 和 μ，实验中必须换多种液体；为改变 d，必须改变实验装置（管径）。而应用量纲分析所得的式(2-7)指导实验时，要改变 $du\rho/\mu$ 只需改变流速；要改变 d/l，只需改变测量段的距离，即两测压点的距离。从而可以将水、空气等的实验结果推广应用于其他流体，将小尺寸模型的实验结果应用于大型实验装置。因此，实验前的无量纲化工作是规划一个实验的一种有效手段，在化工上广为应用。

例 2-1 有一空气管路直径为 400mm，管路内安装一孔径为 150mm 的孔板，管内空气的温度为 200℃，压力为常压，最大气速 10m/s。试估计空气通过孔板的阻力损失为多少？

分析：管径 400mm，温度 200℃ 两个实际工程参数已经决定了在实验室直接进行实验研究难度大。为了测定工业高温空气管路中孔板在最大气速下的阻力损失，可在实验室中采用直径为 40mm 的水管进行模拟实验。现在需要解决的问题是：①在实验装置管路中模拟孔板的孔径应为多大？②若实验水温为 20℃，则水的流速应为多少才能使实验结果与工业情况相吻合？③如果实验测得模拟孔板的阻力损失为 20mmHg（1mmHg＝0.133kPa），那么工业管路中孔板的阻力损失为多少？

下面采用量纲分析法解决这一工程问题。

解：① 变量分析。根据有关流体力学的基础理论知识，按物性变量、设备特征尺寸变量和操作变量三大类找出影响孔板阻力损失 h_f 的所有变量。

物性变量：流体密度 ρ、黏度 μ；

设备特征尺寸变量：管径 d、孔板孔径 d_0；

操作变量：流体流速 u；

应强调的是，流体的温度也是一个操作变量，但温度的影响已隐含在流体的物性中（ρ、μ 均为温度的函数），因而不再将温度视为独立变量，故在变量分析时不再计入。因此

$$h_f = f(\rho, \mu, d, d_0, u)$$

或

$$f'(h_f, \rho, \mu, d, d_0, u) = 0$$

② 指定 r 个基本量纲。基本量纲为 [M]、[L]、[T]，故 $r=3$。

③ 根据基本量纲写出各变量的量纲（表 2-1）。

④ 在 n 个变量中选定 m 个基本变量，总变量数 $n=6$，$m=3$，可选择 ρ，d，u 为基本变量，该变量组合符合 π 定理的规定。各变量的量纲见表 2-1。

表 2-1　各变量的量纲

变量	h_f	ρ	μ	d	d_0	u
量纲	$[L^2T^{-2}]$	$[ML^{-3}]$	$[ML^{-1}T^{-1}]$	$[L]$	$[L]$	$[LT^{-1}]$

⑤ 根据 π 定理，列出 $n-r=6-3=3$ 个无量纲特征数，即

$$\pi_1 = h_f \rho^{a_1} d^{b_1} u^{c_1}$$
$$\pi_2 = d_0 \rho^{a_2} d^{b_2} u^{c_2}$$
$$\pi_3 = \mu \rho^{a_3} d^{b_3} u^{c_3}$$

⑥ 根据各变量量纲特征数表达式，并按量纲一致性原则，列出各无量纲特征数关于基本量纲指数的线性方程，并求解。

对 π_1，有

$$[\pi_1] = [M^0 L^0 T^0] = [L^2 T^{-2}][ML^{-3}]^{a_1}[L]^{b_1}[LT^{-1}]^{c_1}$$

可得

[M]：$0 = a_1$；[L]：$0 = 2 - 3a_1 + b_1 + c_1$；[T]：$0 = -2 - c_1$

解上述线性方程得

$$a_1 = 0, \ b_1 = 0, \ c_1 = -2$$

将 a_1、b_1、c_1 代入 π_1 表达式得

$$\pi_1 = h_f u^{-2} = h_f/u^2$$

对 π_2，有
$$[\pi_2] = [M^0 L^0 T^0] = [L][ML^{-3}]^{a_2}[L]^{b_2}[LT^{-1}]^{c_2}$$

可得
$$[M]: 0=a_2; \quad [L]: 0=1-3a_2+b_2+c_2; \quad [T]: 0=-c_2$$

解上述线性方程得
$$a_2=0, \; b_2=-1, \; c_2=0$$

将 a_2、b_2、c_2 代入 π_2 表达式得
$$\pi_2 = d_0 d^{-1} = d_0/d$$

对 π_3，有
$$[\pi_3] = [M^0 L^0 T^0] = [ML^{-1}T^{-1}][ML^{-3}]^{a_3}[L]^{b_3}[LT^{-1}]^{c_3}$$

可得
$$[M]: 0=1+a_3; \quad [L]: 0=-1-3a_3+b_3+c_3; \quad [T]: 0=-1-c_3$$

解上述线性方程得
$$a_3=-1, \; b_3=-1, \; c_3=-1$$

将 a_3、b_3、c_3 代入 π_3 表达式得
$$\pi_3 = \mu\rho^{-1}d^{-1}u^{-1} = \mu/du\rho$$

或 $\dfrac{1}{\pi_3} = du\rho/\mu = Re$

⑦ 根据上述结果，可将原来变量间的函数关系 $f'(h_f, \rho, \mu, d, d_0, u)=0$ 简化为
$$F(\pi_1, \pi_2, \pi_3) = F\left(\frac{h_f}{u^2}, \frac{d_0}{d}, \frac{du\rho}{\mu}\right)$$

又可表示为
$$\frac{h_f}{u^2} = F\left(\frac{d_0}{d}, \frac{du\rho}{\mu}\right)$$

注意到在上述量纲分析过程中并没有注明流体是气体还是水。因此，不论是气体管路还是水管，只要 d_0/d 和 Re 相等，根据相似定理，方程左边 h_f/u^2 必相等。

模拟实验管路的孔板直径 d_0 应与实际气体管路孔板保持几何相似，即
$$\frac{d_0'}{d'} = \frac{d_0}{d}$$

$$d_0' = \frac{d_0}{d}d' = \frac{150}{400} \times 40 = 15\,\text{mm}$$

根据相似定理，水的流速大小应保证实验管路中的 Re 与实际管路相等，即流体流动形态相似，即
$$u' = \frac{du\rho}{\mu} \times \frac{\mu'}{d'\rho'}$$

空气的物性：

$$\rho = \frac{29}{22.4} \times \frac{273}{273+200} = 0.747 \text{kg/m}^3$$

$$\mu = 2.6 \times 10^{-5} \text{Pa} \cdot \text{s}$$

20℃水的物性：

$$\rho' = 1000 \text{kg/m}^3$$
$$\mu' = 1 \times 10^{-3} \text{Pa} \cdot \text{s}$$

代入上述相似式后，得水的流速为

$$u' = \frac{du\rho}{\mu} \times \frac{\mu'}{d'\rho'} = \frac{0.4 \times 10 \times 0.747}{2.6 \times 10^{-5}} \times \frac{1 \times 10^{-3}}{0.04 \times 1000} = 2.87 \text{m/s}$$

模拟孔板的阻力损失

$$h_f' = \frac{\Delta p'}{\rho'} = \frac{13600 \times 9.81 \times 0.02}{1000} = 2.67 \text{J/kg}$$

实际孔板的阻力损失应与模拟孔板有如下关系

$$\frac{h_f}{u^2} = \frac{h_f'}{u'^2}$$

所以

$$h_f = \frac{h_f'}{u'^2} u^2 = \frac{2.67}{2.87^2} \times 10^2 = 32.41 \text{J/kg}$$

从这个例子可以看出，用量纲分析法处理工程问题，不需要对过程机理有深刻全面的了解。在该例中，原来 h_f 与 5 个变量之间的复杂关系，通过量纲分析法，被简化为 h_f/u^2 与 2 个无量纲组合变量之间的函数关系，使得实验工作量大为减少，简化了实验。由于在模拟实验中保持 d_0/d 和 $du\rho/\mu$ 与实际管路相同，因此可用常温下的水代替 200℃ 的高温空气，用 40mm 的水管代替 400mm 的空气管道来进行实验。在实验物料上做到了"由此及彼"，在设备尺寸上达到了"由小见大"，实验结果解决了工业实际问题。

此外，应用量纲分析法，还解决了一般实验方法对某些变量无法组织实验的困难。例如，在该例中，如要分别考察 ρ、μ 对流动过程的影响，由于 ρ、μ 同时受温度的影响而变化，其实验难度之大是难以想象的。但由于 ρ、μ、d 和 u 共组于无量纲数群 Re 中，所以，无须想方设法改变 ρ 和 μ，只需简单地调节 u 使 Re 改变即可，这是其他实验方法所不具备的独特优点。

需要注意的是，由于量纲分析法在处理工程问题时不涉及过程的机理，对影响过程的变量也无轻重之分。因此，实验研究结果只能给出实验数据的关联式，而无法对各种变量尤其是重要变量对过程的影响规律进行分析判断。当过程比较复杂时，无法对过程的控制步骤或某些控制因素给出定量甚至是定性的描述。此外，在处理复杂的工程问题时，如果影响因素太多，实验工作量仍然会很大，解决这类问题的方法是过程分解，即将待解决的问题分解成若干个弱交联的子过程，使每个子过程变量数大大减少。这种分解方法是研究复杂问题的一种基本方法。

2.1.3 数学模型法

数学模型法是解决工程问题的另一种实验研究方法，又称为公式法或函数法，即用一个或一组函数方程式来描述过程变量之间的关系。量纲分析法并不要求研究者对过程的内在规律有任何认识，而数学模型法是在对研究的问题有充分认识的基础上，将复杂问题作合理简化，提出足够简洁而又不失真的近似实际过程的物理模型，并用数学方程表示数学模型，然后确定该方程的初始条件和边界条件，再求解方程，得出结论。

数学模型是用符号、函数关系将评价目标和内容系统规定下来，并把互相间的变化关系通过数学公式表达出来。数学模型所表达的内容可以是定量的，也可以是定性的，但必须以定量的方式体现出来。因此，数学模型法的操作方式偏向于定量形式。

在化工原理实验研究中，数学模型法是将化工过程各变量之间的关系用一个（或一组）数学方程式来表示，通过对方程的求解可以获得所需的设计或操作参数。

按数学模型的由来，可将其分为机理模型和经验模型两大类。前者从过程机理推导得出，后者由经验数据归纳而成。习惯上，一般称前者为解析公式，后者为经验关联式。如流体力学中的泊谡叶（Poiseuille）公式：$\Delta p = \dfrac{32\mu l u}{d^2}$，即为流体在圆管中做层流流动的解析公式；而流体在圆管中湍流时摩擦系数的表达式 $\dfrac{1}{\sqrt{\lambda}} = 1.74 - 2\lg\dfrac{2\varepsilon}{d}$，则为经验关联式。化学工程中应用的数学模型大都介于这两者之间，即所谓的半经验半理论模型。本节所讨论的数学模型，主要指这种模型。机理模型是过程本质的反映，因此结果可以外推；而经验模型（关联式）来源于有限范围内实验数据的拟合，不宜于外推，尤其不宜于大幅度外推。在条件可能时还是希望建立机理模型。但由于化工过程一般都很复杂，再加上观测手段不足、描述方法有限，要完全掌握过程机理几乎是不可能的。这时，需要提出一些假设，忽略一些影响因素，把实际过程简化为某种物理模型，通过对物理模型的数学描述建立过程的数学模型。实际上，在解决工程问题时一般只要求数学模型满足有限的目的，而不是盲目追求模型的普遍性。因此，只要在一定意义下模型与实际过程等效而不过于失真，该模型就是成功的。

数学模型法是将复杂的工程问题简化处理成物理模型，用数学表达式对物理模型进行数学描述，通过实验研究对数学表达式的参数进行确定和验证的方法。这就允许在建立数学模型时抓住过程的本质特征，而忽略一些次要因素的影响，从而使问题得到简化。过程的简化是建立数学模型的一个重要步骤，唯有简化才能解决复杂过程与有限手段的矛盾。科学地简化如同科学地抽象一样，都能深刻地反映过程的本质。从这一意义上说，建立过程的数学模型就是建立过程的简化物理图像的数学方程式。在过程的简化中，一般遵循下述原则。

① 过程的本质特征和重要变量得以反映。

② 应能满足应用的需要。

③ 应能适应现有的实验条件和数学手段，能够对模型进行检验，对参数进行估值。

模型参数一般均为过程未知因素的综合反映，需通过实验确定。在建立模型的过程中要尽可能减少参数的数目，特别是要减少不能独立测定的参数，否则实验测定不易准确，参数估值困难，外推时误差可能很大。

（1）建立过程数学模型的一般步骤　数学模型法是在对研究问题有充分的认识的基础上，总结各变量的关系，得出物理模型并用数学表达式进行描述的方法，一般应遵循下列主要步骤。

① 概述过程的特征，根据有关基础理论知识对过程进行理性的分析。将复杂问题作合

理又不过于失真的简化,提出一个近似实际过程又易于用数学方程式描述的物理模型。建立过程物理模型,要做到简化而不失真,既要有对过程的深刻理解,也要有一定的工程经验。

② 根据物理模型建立数学方程式(组),即数学模型。对所得到的物理模型进行数学描述即建立数学模型,然后确定该方程的初始条件和边界条件,求解方程。对于稳态过程,数学模型是一个(组)代数方程式;对动态过程则是微分方程式(组)。对于化工单元过程,所采用的数学关系式一般有以下几种:物料衡算方程、能量衡算方程、过程特征方程(如相平衡方程、过程速率方程、溶解度方程等)、与过程相关的约束方程。

③ 组织实验、参数估值、检验并修正模型,模型中的参数必须通过实际的装置上的实验研究得出的可信实验数据的拟合而确定。

④ 所建立的数学模型是否与实际过程等效,所作的简化是否合理,这些都需要通过实验加以验证。检验的方法有两种:

a. 从应用的目的出发,可从模型计算结果与实验数据的吻合程度加以评判。

b. 适当外延,看模型预测结果与实验数据的吻合是否良好。如果两者偏离较大,超出工程应用允许的误差范围,须对模型进行修正。

(2) 数学模型方法应用举例 以建立流体通过颗粒床层时的数学模型为例,介绍关于工程实际问题的模型建立方法。

在过滤、吸附等单元操作中,都涉及流体通过颗粒层流动的压降、流速等问题。流体通过颗粒层流动的复杂性在于流体通道几何形状不规则,纵横交联和曲折不定,无法用严格的数学解析方法表述参数间的关系。所以解决流体在这些过程中的流动阻力问题,必须根据过程的特征寻求简化的解决方法。

① 分析、概括过程的本质和特征,适当简化,建立过程的物理模型。不难想象,在过滤、吸附等单元操作中,流体通过颗粒层的流动是极慢流动,又称爬流。此时流体阻力主要来自流体的黏性力,阻力的大小一方面与流体接触的表面积,即颗粒的总表面积有关;另一方面与流体在颗粒间的真实流速有关,在一定流量下,这一真实流速取决于流体在颗粒床层中流通孔道的大小,即颗粒床层的空隙容积。

可以设想,如果能对颗粒床层的总表面积和空隙容积作出恰当的描述,就可以克服流体通道几何形状的复杂性这一困难,从而对过程作出大幅度简化。

基于过程的物理本质和特征的深刻认识,可以将流体通过颗粒床层的流动简化为流体通过一束虚拟管径为 d_e 的平行圆管的流动,并且假定:管路的内表面积等于床层颗粒的总表面积;管路的流动空间等于颗粒床层的空隙容积。

根据以上描述,即可建立起过程的物理模型,如图 2-1 所示。

② 对物理模型进行数学描述,建立数学模型。根据物理模型的两点假设,可以推导得出虚拟细管的当量直径。

管路的内表面积等于床层颗粒的总表面积。

等表面积

$$LA(1-\varepsilon)a = n\pi d_e L_e \tag{2-12}$$

管路的流动空间等于颗粒床层的空隙容积。

等空隙容积

$$LA\varepsilon = n\frac{\pi}{4}d_e^2 L_e \tag{2-13}$$

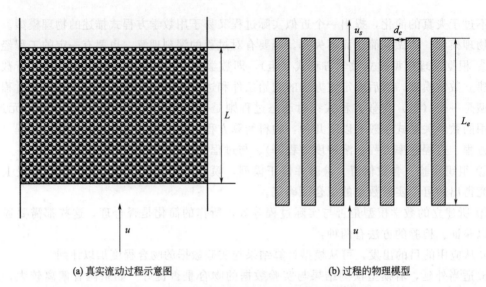

(a) 真实流动过程示意图　　　　　(b) 过程的物理模型

图 2-1　流体在颗粒床层中流动过程的物理模型

式中，L——颗粒层高度；L_e——模型床层高度；A——床层截面面积；d_e——模型细管当量直径；n——模型细管数；a——颗粒的比表面积，即单位体积床层中颗粒的表面积，m^2/m^3；ε——床层的空隙率，$\varepsilon = \dfrac{床层体积 - 颗粒所占体积}{床层体积}$。

以上两式相除，即得

$$d_e = \frac{4\varepsilon}{(1-\varepsilon)a} \tag{2-14}$$

由于实际床层与模型床层具有相等的空隙容积，在一定流量下，流体在两个床层内停留时间相等，即

$$停留时间 = \frac{流动空间}{体积流量}$$

$$\frac{L_e}{u_e} = \frac{AL\varepsilon}{V} \tag{2-15}$$

$$u_e = \frac{L_e}{L} \frac{1}{\varepsilon} \frac{V}{A} = \frac{L_e}{L} \frac{u}{\varepsilon} \tag{2-16}$$

式中，L_e——虚拟圆管的长度。L 与 L_e 一般并不相等。设 C 为系数，应有下述关系。

$$L_e = CL \tag{2-17}$$

因此，流体通过模型细管的流速为

$$u_e = C \frac{u}{\varepsilon} \tag{2-18}$$

对于已建立的物理模型，可以应用流体在圆管中流动的有关流体力学理论加以数学描述。

$$h_f = \frac{\Delta p}{\rho} = \lambda \frac{L_e}{d_e} \frac{u_e^2}{2} \tag{2-19}$$

将式(2-16)~式(2-18) 代入式(2-19)，可得

$$\frac{\Delta p}{L} = \lambda \frac{C^3}{8} \frac{(1-\varepsilon)a}{\varepsilon^3} \rho u^2 \tag{2-20}$$

令 $\lambda' = \lambda \dfrac{C^3}{8}$，于是

$$\frac{\Delta p}{L} = \lambda' \frac{(1-\varepsilon)a}{\varepsilon^3} \rho u^2 \tag{2-21}$$

式(2-21)即为流体通过固定床压降的数学模型，其中包括一个未知的待定系数 λ'，λ' 称为模型参数，就其物理意义而言，也可称为固定床的流动摩擦系数。获得了数学模型，尚需进一步描述颗粒的总表面积，才有可能投入使用。其可能的处理方法是：①根据几何面积相等的原则，确定非球形颗粒的当量直径；②根据总面积相等的原则，确定非均匀颗粒的平均直径。

上述理论分析是建立在流体力学的一般知识和对实际过程的深刻认识的基础上的，也就是建立在理论的一般性和过程的特殊性相结合的基础上的。这是大多数复杂工程问题处理方法的共同特点。尽管如此，该处理方法仍然还是近似的、抽象的，能否真实地描述实际过程，还需经过模拟实验的检验与修正。

③ 数学模型的实验检验与参数估值。如果上述理论分析与推导是严格准确的，案例就可以用伯努利方程做出定量的描述，不必再进行实验验证。但事实并非如此，因为在理论分析和推导中就已经清楚地估计到了对过程的简化和模型的建立带来的各种误差所造成的与实际情况的差距，而留下了一个待定系数 λ'。λ' 与 Re 的关系必须通过模拟实验才能确定。如果所有的实验结果归纳出了统一的流动摩擦系数 λ' 与 Re 的关系，就可以认为所做的理论分析和模型构思得到了实验的检验。否则，就必须对模型进行若干修正后，再进行实验的检验。康采尼（Kozeny）对此进行了实验研究，他发现在流速较低时，在床层雷诺数 $Re' < 2$ 的情况下，实验数据能较好地符合下式。

$$\lambda' = \frac{K'}{Re'} \tag{2-22}$$

式中，K'——Kozeny 常数，其值为 5；Re'——床层雷诺数。

$$Re' = \frac{d_e u_e \rho}{\mu} = \frac{\rho u}{a(1-\varepsilon)\mu} \tag{2-23}$$

对于各种不同的颗粒床层，模型计算结果与实验数据误差不超过 10%，证明所建立的模型是恰当的。高速大容量电子计算机的出现，使数学模型法得以迅速发展，成为化学工程研究中的强有力工具，但这并不意味着可以取消和削弱实验环节。相反，其对工程实验提出了更高的要求。一个新的合理的数学模型，往往是在仔细观察现象的基础上，或对实验数据进行充分研究后提出的，新的模型必然引入一定程度的近似和简化，或引入一定的参数，这一切都有待于实验进一步的修正、校核和检验。

(3) 数学模型法和量纲分析法的比较　对于数学模型法，决定成败的关键是对复杂的过程加以简化，即能否得到一个足够简单的可用数学方程式表示的而又不失真的物理模型。只有充分认识了过程的特殊性并根据特定的研究目的加以利用，才有可能对真实的复杂过程进行大幅度的合理简化，同时在指定的某一侧面保持等效。

对于量纲分析法，决定成败的关键在于能否如数列出影响过程的主要因素。它无需对过程本身的规律有所了解，只要做若干分析实验，考察每个变量对实验结果的影响程度。在量纲分析法指导下，实验研究只能得到过程的外部联系，而对过程的内部规律则了解不够透彻。然而，这正是量纲分析法的一大特点，它使量纲分析法成为对各种研究对象原则上皆适

用的一般方法。

无论是数学模型法还是量纲分析法，最后都要通过实验解决问题，但实验的目的大相径庭。数学模型法的实验目的是为了检验物理模型的合理性并测定为数较少的模型参数；而量纲分析法的实验目的是为了寻找各无量纲变量之间的函数关系。

2.1.4 冷模实验法

冷模实验法是冷态模拟实验方法的简称，是指在没有化学反应的条件下，利用水、空气、沙子、瓷环等方便、廉价的模拟物系进行实验，其目的是探明流体力学、化学反应和传质过程中流体阻力、流体分配的均匀程度、各种流体分配器的使用等情况。应用数学的模型方法进行反应过程的开发时，其出发点是将反应器内进行的过程分解为化学反应和传递过程，并且认为在反应器放大过程中，化学反应规律不会因设备尺度大小而变化。设备尺度主要影响流体流动、传热和传质等传递过程的规律。因此，用小型装置测得化学反应规律后，在大型装置中只需考虑传递过程的规律，而不需要进行化学反应，这样可使实验大为简化，实验时间和费用大大节省。例如：在绝热式固定床反应器的开发中，需要考虑大型反应器中流体流动不均匀对反应结果的影响，通过小型实验认识了化学反应规律后，即可用于确定流动不均匀程度的允许范围。而催化剂床层可能存在多大程度的不均匀，以及分布板应如何设计才能将气流分布不均匀程度限制在允许范围内，都可通过冷模实验予以认识。

2.1.5 过程变量分离法

过程变量分离法是将一个偏微分方程分解为两个或多个只含一个变量的常微分方程。一般工程问题都会涉及单元操作规律及设备的运行两方面的问题。化工生产中的单元操作是由化工中的某一物理过程与过程设备共同构成的一个单元系统。对于同一物理过程，可在不同形式、不同结构的设备中完成。因此，由于物理过程变量和设备变量交织在一起，使得所处理的工程问题变得复杂。但是，如果可以在众多变量之间将交联较弱者切开，即有可能使问题大为简化，这就是变量分离法。

如板式精馏塔的塔效率的实验研究过程中，板式塔是一种逐级接触传质设备，由于在塔板上的传质过程受到汽液两相流量、流体组成及物性、两相流动情况、接触情况等众多因素的影响，其过程机理十分复杂，很难用简单的方程表示。为了解决这一困难，工程上引入了理论板和板效率的概念。所谓理论板是一种汽、液两相皆充分混合，但传质、传热过程阻力皆为零的理想化塔板。因此，不管引入理论塔板的汽、液两相组成如何，温度是否相同，离开塔板的汽、液两相在传热和传质两方面都达到平衡状态，即两相温度相同，组成互为平衡。而实际塔板与理论塔板的差异，则以板效率来表示。理论板和板效率的引入，将复杂的精馏过程分解为两个问题，即完成一个规定的分离任务，共需要多少块理论板；为了确定实际塔板数目，需要知道塔板效率多高。对于具体的分离任务，所需的理论板数只取决于物系的相平衡关系和两相的流量比，而与物系的基础物性和塔板结构及流动状态无关，后者众多因素的复杂影响则包含于塔板效率内，而精馏过程实验研究的重点正是测定板效率。

又如低浓度含量吸收塔传质单元高度的研究中，$H = \dfrac{G}{K_{ya}} \displaystyle\int_{y_2}^{y_1} \dfrac{\mathrm{d}y}{y - y_e}$，$H_{OG} = \dfrac{G}{K_{ya}}$，$N_{OG} =$

$\int_{y_2}^{y_1} \frac{\mathrm{d}y}{y-y_e}$。传质单元高度 H_{OG} 取决于气液量的大小和总体积吸收系数,总体积吸收系数与填料性能有关,因此 H_{OG} 反映了设备传质性能的好坏,其值越大,设备传质性能越差,完成一定的分离任务所需的填料层就越高。传质单元数 N_{OG} 取决于分离任务的要求和相平衡关系,与设备性能无关,它反映了分离任务的难易程度,其值越大,表明分离越难,要完成一定的分离任务所需的填料层就越高。

2.1.6 过程分解与合成法

过程分解与合成法是研究处理复杂问题的一种有效方法,优点是从简到繁,先考察局部,再研究整体。这一方法是将一个复杂的过程(或系统)分解为联系较少或相对独立的若干个子过程或子系统,分别研究各子过程本身特有的规律,再将各子过程联系起来以考察各子过程的影响以及整体过程的规律。

这一方法同样用"黑箱"法作实验研究,在过程分解之后就可大幅度减少实验次数。例如,一个包含 10 个变量,各变量之间相互关联的过程,若每个变量改变 5 个水平进行实验,总实验次数为

$$5^{10}=9765625$$

假如通过对过程的研究发现可将整个过程分解为两个相对独立的子过程,每个子过程分别包括 4 个和 6 个变量,如果每个变量仍改变 5 个水平做实验,则总的实验次数为

$$5^4+5^6=16250$$

可见,在将过程分解之后,实验次数大幅度减少,总的实验工作量仅为原来的 0.166%。如果在子过程的实验研究中,再辅以量纲分析法指导组织实验,可使实验工作量进一步减少。

应当注意的是,在应用过程分解的方法研究工程问题时,对每个子过程所得的结论只适用于局部。譬如,通过实验研究得到了某一子过程的最优设计或操作参数,但子过程的最优并不等于整个过程的最优,通常整个过程在相当程度上受制于关键子过程的影响。在化学工程中,一般将这些关键子过程称为控制过程或控制步骤。

2.2 化工原理实验设计方法

实验设计就是根据已确定的实验内容,拟定一个具体的实验安排表以及对实验所得数据如何进行分析等。化工原理实验通常涉及多变量、多水平的实验设计,如何安排和组织实验,高效完成实验研究内容,用最少的实验研究获取最有价值的实验结果,成为实验设计的核心内容。

为了叙述的方便,下面介绍一下有关的术语和符号。

(1) 实验指标 在实验中用来衡量实验效果的指标,如产量、收率、纯度、效率等。

(2) 因素 指作为实验研究过程的自变量,常常是造成实验指标按某种规律发生变化的那些原因,如温度、催化剂用量、操作压力等。常用 A、B、C 等表示。

(3) 水平 指实验中因素所处的具体状态或条件,常用 A_1、A_2、A_3 等表示。如某化学

反应温度对转化率有影响,温度就是因素,温度的不同取值,如50℃、70℃、90℃、110℃等即因素的水平。

伴随着科学研究和实验技术的发展,实验设计方法的研究也经历了由经验向科学的发展过程。本节介绍在化工原理实验中常用的几种设计方法。

2.2.1 全面搭配法

全面搭配法又称网格法或析因法,该方法的特点是将各个因素的各个水平逐一搭配,每一种搭配即构成一个实验点。如在过滤实验中,要考察过滤压力差、原料料浆浓度、料浆温度对过滤常数的影响,且每个因素取 3 个水平,用全面搭配法安排实验的话,需要完成 27 次实验研究。表 2-2 给出了 3 因素 3 水平的全面搭配法实验设计方案表。

表 2-2 3 因素 3 水平全面搭配法实验设计方案表

$A_1B_1C_1$	$A_2B_1C_1$	$A_3B_1C_1$
$A_1B_1C_2$	$A_2B_1C_2$	$A_3B_1C_2$
$A_1B_1C_3$	$A_2B_1C_3$	$A_3B_1C_3$
$A_1B_2C_1$	$A_2B_2C_1$	$A_3B_2C_1$
$A_1B_2C_2$	$A_2B_2C_2$	$A_3B_2C_2$
$A_1B_2C_3$	$A_2B_2C_3$	$A_3B_2C_3$
$A_1B_3C_1$	$A_2B_3C_1$	$A_3B_3C_1$
$A_1B_3C_2$	$A_2B_3C_2$	$A_3B_3C_2$
$A_1B_3C_3$	$A_2B_3C_3$	$A_3B_3C_3$

由此可见,若实验因素个数为 n,每个因素的水平数为 m,则完成整个实验所需的实验次数为 m^n。显然,若要考察的变量数比较多时,实验次数要显著增加。对于化工实验,涉及的变量除了物性变量如黏度、密度、比热容等外,通常还要涉及流量、温度、压力、组成、设备结构尺寸、催化剂等变量。因此,除了一些简单实验过程可以采用全面搭配法外,当涉及的变量数较多时,不适合采用此种方法进行实验研究的设计。

2.2.2 正交实验设计法

正交实验设计法是一种科学安排与分析多因素实验的方法。它利用正交表来安排实验,利用正交表来计算和分析实验结果。该方法的特点是:①所需的实验次数少;②数据点分布均匀;③可以方便地应用极差分析法、方差分析法等对实验结果进行处理,获得许多有价值的重要结论。

使用正交实验设计法进行实验方案的设计,就必须用到正交表。在正交实验设计中,常把正交表写成表格的形式。为使用方便,便于记忆,正交表的名称一般简记为

$$L_n(m_1 \times m_2 \times \cdots \times m_k)$$

其中 L 为正交表代号,n 代表正交表的行数或实验处理组合数,即利用该正交表安排实验时,应实施的实验处理组合数;$m_1 \times m_2 \times \cdots \times m_k$ 表示正交表共有 k 列(最多可安排的因素数),每列的水平数分别为 $m_1, m_2, \cdots, m_k$。任何一个名为 $L_n(m_1 \times m_2 \times \cdots \times m_k)$ 的

正交表都有一个对应的表格,用于安排实验方案和分析实验结果。

(1) 正交表的类型　正交表是一种特殊的表格,它是正交设计中安排实验和分析测试结果的基本工具,可分为两种表格,分别是等水平正交表和混合水平正交表。

等水平正交表是各列水平数均相同的正交表,也称单一水平正交表。即在 $L_n(m_1 \times m_2 \times \cdots \times m_k)$ 中,$m_1 = m_2 = \cdots = m_k$,简记作 $L_n(m_k)$。

下面以 $L_8(2^7)$ 为例说明正交表符号的含义。

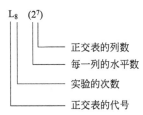

$L_8(2^7)$ 表的形式见表 2-3。

表 2-3　$L_8(2^7)$ 正交表

列号 实验号	1	2	3	4	5	6	7
1	1	1	1	1	1	1	1
2	1	1	1	2	2	2	2
3	1	2	2	1	1	2	2
4	1	2	2	2	2	1	1
5	2	1	2	1	2	1	2
6	2	1	2	2	1	2	1
7	2	2	1	1	2	2	1
8	2	2	1	2	1	1	2

从表 2-3 中可以看出,正交表具有两个特点:

① 每个因素的各个水平在表中出现的次数相等。需要完成 27 次实验研究,即每个因素在其各个水平上都具有相同次数的重复实验。如表 2-3 中,每列对应的水平"1"与水平"2"都是出现 4 次。

② 任意两列并列在一起形成若干个有序数字对,不同有序数字对出现的次数也都相同,即任意两列的水平搭配是均衡的。如第 2 列和第 5 列并列在一起形成的有序数字对共有 4 种:(1,1)、(1,2)、(2,1)、(2,2),每种数字对出现的次数相等,这里都是 2 次。

正是由于正交表具有上述特点,保证了用正交表安排的实验方案中因素水平的搭配是均衡的,数据点的分布是均匀的。

(2) 正交表的基本性质　由正交表的定义可以得出,它具有下列性质。

① 正交性。正交表的正交性主要表现在:a. 任一列中各元素(即水平)出现次数相等;b. 任何两列的同行元素构成的元素对为一个"完全对",且每种元素对出现次数相同。

由正交表的正交性可以看出:a. 正交表各列的地位平等,表中各列之间可以相互置换,称为列置换;b. 正交表的各行之间也可相互置换,称为行置换;c. 正交表的同一列的水平间也可以相互置换,称为水平置换。上述三种置换称为正交表的三种初等变换。经过初等变换得到的正交表称为原正交表的等价表。实际应用时，可根据不同实验的要求，把一个正交表变换成与之等价的其他变换形式。

② 代表性。a. 由于正交表的任一列的不同水平都会出现，实验中包含了所有因素的所有水平；同时，由于正交表的任何两列的所有水平都出现，且相互配合，使得对任意两个因素的所有水平信息及任意两个因素间的组合信息无一遗漏。因此，尽管用正交表安排的是部分实验方案，但却能了解到全面实验的情况，在这个意义上说，正交实验可以代表全面实验。b. 由于正交表的正交性，正交实验的实验点（处理组合）必然均衡地分布在全面实验之中，因而具有很强的代表性。所以，由部分实验寻找的最优条件与全面实验所寻找的最优条件，应该有一致的趋势。

③ 综合可比性。由于正交表的正交性，使得任意因素的不同水平具有相同的实验条件，这就保证了在每列因素的各个水平的效应中，最大限度地排除了其他因素的干扰，从而可以综合比较该因素不同水平对实验指标值的影响，把这种特性称为综合可比性。

不可否认正交实验作为部分实施实验，相对于全面实施实验来说，具有减少处理组合数、缩小实验规模、提高实验效率的优点。但是，正交设计也有其不足的一面，如果设计不当，会出现某些因素效应与其他因素的交互效应相混杂的问题。解决该问题的办法是在正交设计中巧妙设计表头。

（3）选择正交表的基本原则　一般都是先确定实验的因素、水平和交互作用，后选择适用的正交表。在确定因素的水平数时，主要因素宜多安排几个水平，次要因素可少安排几个水平。

① 先看水平数。若各因素全是 2 水平，就选 $L(2^*)$ 表；若各因素全是 3 水平，就选 $L(3^*)$ 表。若各因素的水平数不相同，就选择适用的混合水平表。

② 每一个交互作用在正交表中应占一列或两列。要看所选的正交表是否足够大，能否容纳得下所考虑的因素和交互作用。为了对实验结果进行方差分析或回归分析，还必须至少留一个空白列，作为"误差"列，在极差分析中要作为"其他因素"列处理。

③ 要看实验精度的要求。若要求高，则宜取实验次数多的 L 表。

④ 若实验费用很昂贵，或实验的经费很有限，或人力和时间都比较紧张，则不宜选实验次数太多的 L 表。

⑤ 按原来考虑的因素、水平和交互作用去选择正交表，若无正好适用的正交表可选，简便且可行的办法是适当修改原定的水平数。

⑥ 对某因素或某交互作用的影响是否确实存在没有把握的情况下，选择 L 表时常为该选大表还是选小表而犹豫。若条件许可，应尽量选用大表，让影响存在的可能性较大的因素和交互作用各占适当的列。某因素或某交互作用的影响是否真的存在，留到方差分析进行显著性检验时再做结论。这样既可以减少实验的工作量，又不至于漏掉重要的信息。

（4）正交表的表头设计　所谓表头设计，就是确定实验所考虑的因素和交互作用，在正交表中该放在哪一列的问题。根据不同的实验研究，在有交互作用时，表头设计则必须严格地按规定办事。若实验不考虑交互作用，则表头设计可以是任意的。对 $L_9(3^4)$ 表头设计，表 2-4 所列的各种方案都是可用的。但是正交表的构造是组合数学问题，必须满足正交实验设计方法的特点。对实验之初不考虑交互作用而选用较大的正交表，空列较多时，最好仍与有交互作用时一样，按规定进行表头设计。只不过将有交互作用的列先视为空列，待实验结束后再加以判定。

表 2-4　$L_9(3^4)$ 表头设计方案

方案	1列	2列	3列	4列
1	T	p	m	空
2	空	T	p	m
3	m	空	T	p
4	p	m	空	T

注：表中 T、m、p 分别代表温度、质量、压力对实验结果的影响。

(5) 正交实验的操作方法

① 分区组。对于一批实验，如果要使用几台不同的实验装置，或要使用几种原料，为了防止仪器或原料的不同而带来误差，从而干扰实验的分析，可在开始做实验之前，用 L 表中未排因素和交互作用的一个空白列来安排仪器或原料。

与此类似，若实验指标的检验需要几个人（或几台装置）来做，为了消除不同人（或装置）因检验水平不同给实验结果分析带来干扰，也可采用在 L 表中用一空白列来安排的办法。这样一种作法叫做分区组法。

② 因素水平表排列顺序的随机化。每个因素的水平序号从小到大时，因素的数值总是按由小到大或由大到小的顺序排列。按正交表做实验时，所有的 1 水平要碰在一起，而这种极端的情况有时是不希望出现的，有时也没有实际意义。因此在排列因素水平表时，最好不要简单地按因素数值由小到大或由大到小的顺序排列。从理论上讲，最好能使用一种叫做随机化的方法。所谓随机化就是采用抽签或查随机数值表的办法，来决定排列的顺序。

③ 实验进行的顺序没必要完全按照正交表上实验号码的顺序。为减少实验中由于先后实验操作熟练的程度不匀带来的误差干扰，理论上推荐用抽签的办法来决定实验的次序。

④ 在确定每一个实验的实验条件时，只需考虑所确定的几个因素和分区组该如何取值，而不要（其实也无法）考虑交互作用列和误差列怎么办的问题。交互作用列和误差列的取值问题由实验本身的客观规律来确定，它们对指标影响的大小在方差分析时给出。

⑤ 做实验时，要力求严格控制实验条件。在因素各水平下的数值差别不大时更要严格控制，以免极差分析处理数据时误差增大，甚至造成错误。

(6) 正交实验结果分析方法　正交实验法之所以能得到科技工作者的重视并在实践中得到广泛的应用，其原因不仅在于能使实验的次数减少，而且能够用相应的方法对实验结果进行分析并引出许多有价值的结论。因此，用正交实验法进行实验，如果不对实验结果进行认真的分析，并引出应该引出的结论，那就失去用正交实验法的意义和价值。常见的正交实验结果分析方法有极差分析法和方差分析法。

2.2.3　均匀实验设计法

均匀实验设计法是我国数学家方开泰用数论方法，单纯地从数据点分布的均匀性角度出发所提出的一种实验设计法。该方法是利用均匀设计表来安排实验，所需的实验次数要少于正交实验设计法。

均匀设计表名称的表示方法及其意义如下：

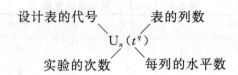

均匀实验设计法的特点是：

(1) 实验工作量更少，这是均匀实验设计法的一个突出的优点。如要考察 4 个因素的影响，每个因素 5 个水平，可用表 2-5 所示的"均匀实验设计表 $U_5(5^4)$"来安排实验，只需进行 5 次实验。实验次数明显减少的主要原因：在表的每一列中，每一个水平必出现且只出现一次。

(2) 因素安排在均匀实验设计表中的哪一列不是随意的，需根据实验中要考察的实际因素数，依照附在每一个均匀实验设计表后的"使用表"来确定因素应该放在哪几列。

(3) 均匀实验设计法不能像正交实验设计法那样用方差分析法处理数据，而需用回归分析法来处理实验数据。

(4) 在均匀实验设计中，随着水平数的增加，实验次数只有少量的增加，如水平数从 9 增加到 10 时，实验次数也从 9 增加到 10。这也是均匀实验设计法的一个很大的优点。一般认为，当因素的水平数大于 5 时，就宜选择均匀实验设计法。

表 2-5　均匀实验设计表 $U_5(5^4)$

实验号 \ 列号	1	2	3	4
1	1	2	3	4
2	2	4	1	3
3	3	1	4	2
4	4	3	2	1
5	5	5	5	5

2.2.4　序贯实验设计法

传统的实验设计法都是先一次完成实验设计，当实验全部完成以后，再对实验数据进行分析处理。显然，这种"先实验、后整理"的研究方法是不尽合理的。一个有经验的科技人员总是会不断地从实验过程中获取信息，并结合专业理论知识加以判断，从而对不合理的实验方案及时进行修正，少走弯路。

因此，边实验，边对数据进行整理，并据此确定下一步研究方向的实验方法才是一种合理的方法。在以数学模型参数估计和模型筛选为目的的实验研究过程中，宜采用此类方法。序贯实验设计法的主要思想是：先做少量的实验，以获得初步信息，丰富研究者对过程的认识；然后在此基础上作出判断，以确定和指导后续实验的条件和实验点的位置。这样，信息在研究过程中有交流、反馈，能最大限度地利用已经进行的实验所提供的信息，使后续的实验安排在最优的条件下进行，从而节省大量人力、物力和财力，提高实验研究的效率。

如化工原理中的精馏实验，实验目标要求实验者通过对精馏塔进行全塔效率评价后采取部分回流连续生产某一浓度的产品。实验设计中就应该先设计出全回流操作下的全塔效率评价的基本实验步骤,然后按照这一步骤完成实验,待确定塔效率和塔的最大生产能力后才能选取合理的回流比进行目标产品的生产实验研究,这一实验设计方法就是序贯实验设计法。

2.3 化工原理实验流程设计

化工实验流程设计是实验过程中一项重要的工作内容。由于化工实验装置是由各种单元设备和测试仪表通过管路、管件和阀门等以系统的合理的方式组合而成的整体,因此,在掌握了实验原理,确定了实验方案后,要根据前两者的要求和规定进行实验流程设计,并根据设计结果搭建实验装置,以完成实验任务。

2.3.1 实验流程设计的内容及步骤

实验流程设计一般包括以下内容。

(1) 选择主要设备　例如在流体力学与流体机械特性的有关实验中,选择不同型号及性能的泵;在吸收实验中根据吸收物料体系选择合适的填料塔和填料;在精馏实验中选择不同结构的板式塔或填料塔;在传热实验中选择不同结构的换热器等。

(2) 确定主要检测点和检测方法　化工实验,就是通过对实验装置进行操作以获取相关的数据,并通过对实验数据的处理获得设备的特性或过程的规律,进而为工业装置或工业过程的设计与开发提供依据。所以,为了获取完整的实验数据,必须设计足够的检测点并配备有效的检测手段。在实验中,需要测定的数据一般可分为工艺数据和设备性能数据两大类:工艺数据包括物流的流量、温度、压力及浓度(组成),主体设备的操作压力和温度等;设备性能数据包括主体设备的特征尺寸、功率、效率或处理能力等。要指出的是,这里所讲的两大类数据是直接测定的原始变量数据,不包括通过计算获得的中间数据。

(3) 确定控制点和控制手段　一套设计完整的实验装置必须是可操作的和可控制的。可操作是指既能满足正常操作的要求,也能满足开车和停车等操作的要求;可控制是指能控制外部扰动的影响。为满足这两点要求,设计流程必须考虑完备的控制点和控制手段。

化工实验流程设计的一般步骤如下。

(1) 根据实验的基本原理和实验任务选择主体单元设备,再根据实验需要和操作要求配套附属设备。

(2) 根据实验原理找出所有的原始变量,据此确定检测点和检测方法,并配置必需的检测仪表。

(3) 根据实验操作要求确定控制点和控制手段,并配置必要的控制或调节装置。

(4) 画出实验流程示意图。

(5) 对实验流程的合理性做出评价。

2.3.2 实验流程图的形式及要求

在化工设计中,通常都要求设计人员给出工艺过程流程图(Process Flow Diagram,PFD)和带控制点的管道流程图(Piping and Instrumentation Diagram,PID),两者都称为流程图,且部分内容相同,但前者主要包括物流走向、主要工艺操作条件、物流组成、主要设备特性等内容,后者包括所有的管道系统以及检测、控制、报警等系统,两者在设计中的作用是不同的。

在化工原理实验中,要求学生给出带控制点的实验装置流程示意图,其基本的带控制点的实验装置流程图一般由三部分内容组成:

(1) 画出主体设备及附属设备(仪器)示意图。

(2) 用标有物流方向的连线(表示管路)将各设备连接起来。

(3) 在相应设备或管路上标注出检测点和控制点。检测点用代表物理变量的符号加上"I"表示,例如用"PI"表示压力检测点,用"TI"表示温度检测点,用"FI"表示流量检测点,用"LI"表示液位检测点等,而控制点则用代表物理量的符号加上"C"表示。

2.3.3 设计和选择原则

(1) 主体装置、设备的设计与选择 实验的主体设备设计与选择应从实验项目的技术要求、实验对象的特征以及实验本身的特点三方面加以考虑,力求做到结构简单多用,易于观察测控,便于操作调控,数据准确可靠。

根据研究对象的特征合理设计和选择实验设备,使实验设备在结构和功能上满足实验的技术要求,是实验设备设计和选择中首先应该遵循的原则。例如在测定离心泵特性曲线的有关实验中,选择不同型号及性能的泵;在传热实验中选择不同结构的换热器;在精馏实验中选择不同结构的板式塔或填料塔等。

(2) 辅助设备的选择 化工实验中所用的辅助设备主要包括动力设备和换热设备。动力设备主要用于物料的输送和系统压力的调控,如离心泵、计量泵、真空泵、鼓风机、压缩机等。换热设备主要用于温度的调控和物料的干燥,如管式电阻炉、电热烘箱等。如以水蒸气-空气为传热介质的传热实验中,空气的输送可选用气体鼓风机,水蒸气可采用电加热炉产生;在真空过滤实验中,采用真空泵使系统造成一定的负压,形成过滤推动力等。

(3) 仪表的选择 化工实验,就是要通过对实验装置进行操作以获取相关的数据,并通过对实验数据的处理获得设备的特性或过程的规律,进而为工业装置或工业过程的设计与开发提供依据。所以,为了获取完整的实验数据,必须设计足够的监测点并配备有效的监测手段。在实验中,温度、压力、流量这几个参数是最需要测定和控制的。由于所涉及的物系介质不同,工艺要求和工作状况不同,所测试的地点不同等,这些测量仪表也多种多样。如何根据工艺要求,正确选择所需的测量仪表具有重要作用。

① 温度测量仪表的选用。温度测量仪表选择主要根据被测介质的测温范围、准确度要求、显示及控制要求、环境条件、响应时间等来决定。玻璃管温度计由于结构简单、准确度较高、稳定性好、价格低廉,是最常用的一种温度计。热电阻、热电偶温度计测温范围广、不怕震动、安装方便、寿命长,便于远距离多点集中测量和自动控制温度,也是很常用的温度计。如在精馏实验中,为了对塔内操作状况有全面的了解,需要测取塔板的温度,而且塔板温度在室温到100℃之间,因此可以选用铂电阻温度传感器。

② 压力测量仪表的选用。压力测量仪表有:液柱式压力计、弹性式压力计、传感器式压力计等。选用压力表时,要考虑其量程、准确度、介质性质和条件、显示要求等因素。测量微小压力或压差时,可采用液柱式压力计;如果需要自动显示或远传,就要用传感器式压

力计。如在离心泵性能测定实验中,泵进出口处的压强就可采用就地显示的弹性式压力计;流动阻力实验中,测定小压差采用的就是倒 U 形管式压力计,测定大压差采用的就是传感器式压力计。

③ 流量计的选用。实验室常用的流量计有转子流量计、节流式流量计、涡轮流量计、涡街(旋涡)流量计、电磁流量计等。实验过程中需要根据测试对象和精度要求选用合适的流量计。如在吸收实验中,气体流量的测定可采用节流式流量计,液体流量的测定可采用转子流量计,需要连续读数并实时记录的液体流量可选用电磁流量计等。

各类测量仪表的选择除根据实际的实验研究需要外,还应该考虑仪表使用过程中的安全性,仪表数据采集的可靠性和便于智能控制、远程数据采集、测控等综合因素。

2.3.4 实验装置的安装

实验装置的正确安装是确保实验数据的准确性、实验操作的安全性和实验布局的合理性的重要环节。装置的安装包括设备、管道、阀门和分析检测仪器、仪表等几个方面。由于化工原理实验的对象不同,目的要求不同,操作条件不同,因此在安装实验装置时应针对过程的特点、实验设备的多少以及实验场地的大小来合理安排。在满足实验要求的前提下,力争做到布局合理美观,操作安全方便,检修拆卸自如,易于后期维护维修。

常见的化工原理实验装置的安装步骤如下。

(1) 搭建设备安装架　如果设备较轻,体积不大,流程也不太长,可以搭建设备安装架,将小型设备固定在安装架上。对一些较重的设备,可以制作专门的支撑架。仪表面板也可安装在架子上,以便集中显示或控制测量参数。设备安装架一般是靠墙安放,并靠近电源和水源。

(2) 设备的安装和布置　安装设备时,应先主后辅,主体设备定位后,再安装辅助设备,同时应注意设备管口的方位以及设备的垂直度和水平度。管口方位应根据管道的排列、设备的相对位置及操作的方便程度来安排,取样口的位置要便于观察和取样。对塔设备的安装应特别注意塔体的垂直,因为塔体的倾斜将导致塔内流体的偏流和壁流,使填料润湿不均,塔效率下降。水平安装的冷凝器应向出口方向适当倾斜,以利于冷凝液的排放。

设备的布置应按工艺流程顺序。设备的平面布置应前呼后应,连续贯通。立面布置应错落有致,紧凑美观。设备之间应保持一定距离,以便设备的安装与检修,并尽可能利用设备的位差或压差促使流体的流动。

对于运转时产生震动和噪声的设备,如空压机、离心泵、真空泵等,尽可能安装在地面上或采取隔离措施。离心泵的进口管线不宜过细过长,不宜安装阀门,以减小进口阻力。

(3) 测量仪表的安装　正确使用测量仪表的关键是测量点、采样点的合理选择及测量元件的正确安装。因为测量点或采样点所采集的数据是否具有代表性和真实性,是否对操作条件的变化足够灵敏,将直接影响实验结果的准确性和可靠性。

温度测量点的位置及测温元件的安装方法,应根据测量对象的具体情况来合理选择。测量点的选择一定要放在最具代表温度的部位。例如对流传热系数测定实验中,在冷流体的进、出换热器处安置温度计测量冷流体的温度变化,在换热器内管管壁上安置多对热电偶测量管壁温度。测温元件的安装应有利于热交换的进行,应安全、可靠,便于维修、校验等。

压力测量点的选择要充分考虑系统流动阻力的影响,应尽可能靠近希望控制压力的地方。如真空精馏中,为防止釜温过高引起物料的分解,采用减压的方法来降低物料的沸点。若测压点设在塔顶冷凝器上,则所测真空度不能反映塔釜状况,还必须加上塔内的流动阻力。因此,测压点设在塔釜的气相空间是最安全、最直接的。通常的做法是用 U 形管压力计同时测定塔釜的真空度和塔内压力降。

流量计的安装与流量计种类有关。转子流量计要垂直安装;涡轮流量计一般要水平安装,并要装过滤网;节流式流量计既可水平安装又可垂直安装,但要注意流体的流向。

各类仪器仪表安装后电源及控制部分的安装必须符合相关规范要求,做到各仪器金属外壳统一接地且相互等电位连接,各种仪表的传感器导线尽量采用屏蔽电缆连接,确保弱电信号线路与强电信号线路不能混淆和绑扎在一起。各类加热电源线路要独立设置回路控制,做好限流和散热保护,对于大功率加热电器应确保有双重控温保护装置电路。

2.3.5 实验装置的安全性评估

任何实验装置必须在安装完毕进行通电测试前进行安全评估,确保装置启动过程中不发生意外情况和确保整个过程的实验人员的安全。化工原理实验主要面向学生进行实验教学,装置在安装调试后,尤其是学生自建装置或采用模块化拼装装置搭建完毕后必须进行安全性评估后才能进行实验。一般化工原理实验装置的安全性评估应该由具备化工安全的专业人员进行包括以下几个方面的评估。

(1)装置安装结构安全 实验装置安装框架是否牢固,安装的整体结构是否合理,有无头重脚轻易倒覆危险,装置是否与地面牢固固定,底座是否水平。对于高于 1.8m 的装置是否上部与墙面有刚体固定或设置防止倒覆装置,对于有液罐、物料箱等装置,是否考虑满物料后的承重。这些指标要逐一评估后才能确保装置使用过程中不发生倾覆等危险。

(2)用电安全 装置所有金属外壳和框架是否通过导体连接成整体并妥善接地;每台装置是否有独立的漏电开关设计;装置是否有意外情况的电源急停装置;装置满负荷总功率与电源线是否匹配;加热装置的加热电源线是否有双层绝缘和耐高温处理;控制箱以外的装置接线柱是否有绝缘保护措施,存在易燃气体的实验室的装置所有电源接线头是否焊接处理或采用防爆接头。各装置的加热部件,必须进行对装置外壳的阻抗测试,检测漏电流,并对装置控制器与装置之间的强电、弱电线路进行梳理,信号线进行保护屏蔽。

(3)气密性检测 装置的所有管路使用前必须进行气密性检测,气体管路的气密性检测一般采用氮气或压缩空气进行试漏,液体管路采用清水试漏。试漏过程应该包括所有管路、储罐、反应器及阀门等。在试漏过程中应该保证在设计安全压力范围内试压到工作状态最高压力以上,逐一检测装置的气密性。

(4)机械传动安全 逐一检查装置的各机械传动部分的安全性,尤其是有外置电机时必须考虑电机高速旋转时是否有转动部分松动和脱落伤人事故隐患,是否出现高频振动导致装置玻璃部件破损等。

(5)装置周围环境安全 装置的水、电、气管线尽量采用埋地铺设或正上方架空铺设,装置四周不得存在可移动电缆或地面上的管线。确定装置四周地面是否具备防滑处理,是否对装置设置了明显安全警示标志。存在易燃气体或挥发性气体的装置实验室是否有良好负压通风系统。

2.3.6 实验装置的调试

通过选用基本的实验仪器设备构成整套实验装置，实验装置安装完毕后，要进行设备、仪表及流程的调试工作。调试主要包括系统气密性实验、仪器仪表的校正和装置试运行。

(1) 系统气密性实验　系统气密性实验包括试漏、查漏和堵漏。对压力要求不高的系统，一般采用对设备和管路充压或减压后，关闭进出口阀门，观察压力的变化。若发现压力持续降低或升高，说明系统漏气。查漏工作应首先从阀门、管件和设备的连接部位入手，采取分段检查的方式确定漏点；其次，考虑设备材质中的砂眼问题。堵漏一般采用更换密封件、紧固阀门或连接部件的方法。

对于高压系统，应进行水压实验，以考察设备强度。水压实验一般要求水温大于5℃，实验压力大于1.25倍设计压力。实验时逐级升压，每个压力级别恒压不少于半小时，以便查漏。

(2) 仪器仪表的校正　由于待测物料的性质不同，仪器仪表安装方式不同，以及仪表本身的准确度等级和新旧程度不一，都会给仪器仪表的测量带来系统误差。因此，仪器仪表在使用前必须进行标定和校正，以确保测量的准确性。

(3) 装置试运行　装置安装完成后，再仔细检查一下管路是否连接畅通，阀门开关状态是否符合运行要求，仪器仪表是否安装到位，是否经过校正和标定，检查合格后才能进行试运行。试运行的目的是检验装置是否贯通，所有管件阀门是否灵活好用，仪器仪表是否工作正常，指标值是否灵敏、稳定，开停车是否方便，管路布置是否合理，有无异常现象。通过试运行，发现问题及时整改，为正式进行实验做好准备。

思考题

1. 化工原理实验采用的研究方法有哪些？什么是量纲分析法？
2. 比较直接实验法与数学模型法的区别。
3. 正交实验分析法的特点是什么？具有哪些性质？
4. 简述实验流程设计和选择的原则。

第 3 章
测量仪表与测量方法

══ 3.1 流量测量与仪表 ══

随着科学技术和化工生产的发展，生产环境日趋复杂，对于流量流速测量的要求也越来越高，因此必须针对不同的情况采用不同的测量方法和测量仪表。近年来，新的测量方法和测量仪表不断涌现，本节仅简要介绍常用的流量测量方法和仪表，关于其他类型的流量计可参考相关的文献资料。

3.1.1 节流式（差压式）流量计

（1）基本原理　通常是由能将被测流体的流量转换成压差信号的孔板、喷嘴等节流装置以及能将此压差转换成对应的流量值显示出来的压差计所组成。节流式流量计是根据流体力学中的伯努利原理设计而成的，利用液体流经节流装置时产生的压力差，从而实现流量的测量。流体流过节流装置所产生的压力差和流量的关系式［式(3-1)］是由连续性方程和伯努利方程导出。

$$V_s/(m^3/s) = CA_0\sqrt{\frac{2}{\rho}(p_1-p_2)} \tag{3-1}$$

式中，p_1、p_2——节流件前后取位点压强，Pa；ρ——介质密度，kg/m³；A_0——节流件喉部面积，m²；C——孔流系数，是用实验的方法测定的系数，对于标准节流件可以从表中查出孔流系数，不必自行测定。

（2）常用节流件形式

① 孔板　结构形式如图 3-1 所示。孔板的结构非常简单，它是一个带圆孔的板，圆孔与管道同心。圆孔比管道的直径小。能量损失大于喷嘴和文丘里管。加工孔板时应注意进口边沿必须锐利、光滑，否则将影响测量精度。孔板材料一般用不锈钢、铜或硬铝。

② 喷嘴　制造要比孔板难，但其测量精度高。对腐蚀性大、脏污的介质不太敏感。能量损失介于孔板与文丘里管之间。它的结构如图 3-2 所示。

孔板流量计
工作原理

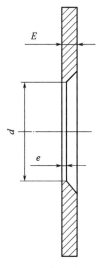

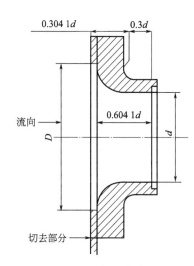

图 3-1　标准孔板　　　　　　　　图 3-2　标准喷嘴

③ 文丘里管　它是由入口圆筒段、圆锥形收缩段、圆筒形喉部和圆锥形扩散段所组成，如图 3-3 所示。其内表面的形状与流体的流线非常接近，能量损失为各种节流装置中最小的，流体流过文丘里管后的压力基本能恢复，但制造工艺复杂，价格昂贵。

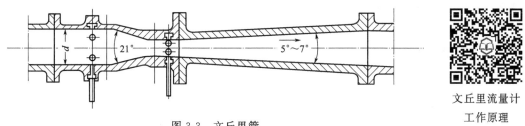

图 3-3　文丘里管

文丘里流量计
工作原理

（3）选择原则

① 在允许压力损失较小时，可采用喷嘴、文丘里管和文丘里喷嘴。

② 在测量某些容易使节流装置污染、磨损和变形的脏污及腐蚀性等介质的流量时，采用喷嘴较孔板好。

③ 在流量值和压差值都相等的条件下，喷嘴的开孔截面比值 m（m 为孔径与管径之比）较孔板的小，在这种情况下，喷嘴有较高的测量精度，而且所需的直管段长度也较短。

④ 在加工制造和安装方面，孔板最简单，喷嘴次之，文丘里管和文丘里喷嘴最为复杂，造价也与此相似，并且管径越大，这种差别也越显著。

（4）使用时应注意的问题　节流式流量计是目前工业生产中用来测量气体、液体和蒸汽流量的最常用的一种测量仪表。使用节流式流量计测量流量时，影响流动形态、速度分布和能量损失的各种因素都会对流量与压差关系产生影响，从而导致测量误差。因此，使用时需注意以下几个问题。

① 流体必须为牛顿型流体，在物理和热力学上是单相的，或者可认为是单相的，且流经节流件时不发生相变化。

② 流体在节流件前后必须完全充满管道整个截面。

③ 保证节流件前后的直管段足够长，一般上游直管内长度为 $(10\sim20)d$（d 为管直

径），下游直管段长度为 $5d$ 左右。

④ 注意节流件的安装方向。使用孔板时，圆柱形锐孔应朝向上游；使用喷嘴和 1/4 圆嘴时，喇叭形曲面应朝向上游；使用文丘里管时，较短的渐缩段应装在上游，较长的渐扩段应装在下游。

⑤ 经长期使用的节流件必须考虑有无腐蚀、磨损、结垢问题，若观察到节流件的几何形状和尺寸已发生变化时，应采取有效措施妥善处理。

⑥ 取压点、导压管和压差测量问题对流量测量精度的影响也很大。

⑦ 当被测流体的密度与设计计算或流量标定用的流体密度不同时，应对流量与压差关系进行修正。

3.1.2 转子流量计

转子流量计具有结构简单、价格便宜、刻度均匀、直观、量程比（仪器测量范围上限与下限之比）大、能量损失较少、使用方便等特点。因此，被广泛应用于化工、石油、医药等行业，用来测量单相非脉动液体或气体的流量。

（1）原理与结构　转子流量计又称为面积式流量计，由于使用中当转子处于任一平衡位置时，其两端压差是恒定的，所以转子流量计也称为恒压差式流量计。转子流量计是通过改变流通面积的方法来测量流量。转子流量计结构如图 3-4 所示，流量计的主要测量元件为一根小端向下、大端向上垂直安装的锥形玻璃管及在其内可以上下移动的转子。当流体自下而上流经锥形玻璃管时，在转子上、下之间产生压差，转子在此压差作用下上升。当使转子上升的力与转子所受的重力、浮力及黏性力三者的合力相等时，转子处于平衡位置。因此，流经流量计的流体流量与转子上升高度，亦即与流量计的流通面积之间存在着一定的比例关系，转子的位置高度可作为流量量度。

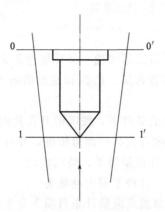

转子流量计
工作原理

图 3-4　转子流量计结构示意

转子流量计的基本方程为

$$V_s/(\mathrm{m^3/s}) = C_R A_R \sqrt{\frac{2gV_f(\rho_f - \rho_g)}{A_f \rho}} \tag{3-2}$$

式中，A_R、A_f——环隙截面积和转子最大截面积，m^2；V_f——转子体积，m^3；ρ_g、ρ_f——流体和转子的密度，$\mathrm{kg/m}^3$；C_R——转子流量计的流量系数，是转子形状和流体流过环隙

的 Re 数的函数,其值可从转子的 $C_R \sim Re$ 曲线中查得。

(2) 转子流量计的读数及修正　转子流量计中转子的形状有很多种,如球形、梯形、倒梯形等。无论何种形状,均有一个最大截面积。流体流动时,转子最大截面积处所对应的玻璃管上的刻度值就应该是读取的测量值。一般生产厂家是在标准状态下,用密度 $\rho_{液,0}=998.2 kg/m^3$ 的水和 $\rho_{气,0}=1.205 kg/m^3$ 的空气来标定转子流量计的流量与刻度关系。如果待测流体的密度与标准状态下不符,则必须进行修正。对于不同的流体,可以采用式(3-3)和式(3-4)进行修正。

对于液体

$$V_{液,测} / (m^3/s) = V_{液,0} \sqrt{\frac{(\rho_f - \rho_{液})}{(\rho_f - \rho_{液,0})} \times \frac{\rho_{液,0}}{\rho_{液}}} \tag{3-3}$$

对于气体

$$V_{气,测} / (m^3/s) = V_{气,0} \sqrt{\frac{p_0}{p_{测}} \times \frac{\rho_{气,0}}{\rho_{气}} \times \frac{T_{测}}{T_0}} \tag{3-4}$$

式中,T_0、p_0——标准状态下的热力学温度、绝对压力;$T_{测}$、$p_{测}$——测量条件下的热力学温度、绝对压力。

(3) 使用原则　转子流量计应垂直安装,不允许倾斜。转子对污垢和摩擦比较敏感,会影响测量误差,转子附有气泡和转子流量计锥形管安装的垂直程度都会引起测量误差,使用时必须注意。被测流体介质的流向应从下向上,不能相反。调节或控制流量不宜采用速开阀门,否则,会将转子冲到顶部,因转子骤然受阻失去平衡而将玻璃锥形管撞破或将玻璃转子撞碎。转子流量计的基本误差约为刻度最大值的±2%。若被测流体温度高于70℃时,应在流量计外侧安装保护罩,以防玻璃锥管因溅有冷水而骤冷破裂。

3.1.3　其他新型流量计

(1) 涡轮流量计　涡轮流量计是一种速度式流量计,测量精度比较高(可达0.5级以上,在狭小范围内甚至可达0.1级),反应较快,适用范围也比较广。它主要由涡轮流量变送器和显示仪表组成,涡轮装于管道内,其中心轴线与管道中心线重合,当流体通过时冲击涡轮叶片使之旋转,结构如图3-5所示。

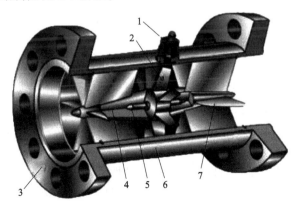

图 3-5　涡轮流量计
1—接前置放大器；2—涡轮转子；3—法兰盘；4—前导向组件；5—连接件；6—壳体；7—后导向组件

在一定的流量范围和一定的流体黏度下,涡轮转速与流速成正比,涡轮转动时其叶片(导磁材料制成)切割紧置于管壁外侧的检测线圈所产生的磁力线,周期性地改变线圈所在电路上的磁通量,从而产生与流量成正比的脉冲电信号,该信号经放大后即可远距离输送至显示仪表。为了保证测量精度,涡轮流量计安装时应水平安装,保证变送器前后有一定的直管段,一般要求在涡轮前后各有不小于10倍和5倍管径的直管段。为了减少对轴承的磨损或堵塞及涡轮叶片卡死,要求被测介质洁净,应在变送器前设过滤装置。

一般地,涡轮流量计的显示仪表主要有两种。一种是涡轮流量指示积算仪。由于其数码显示的阶跃性,当采用这种显示仪表时,为了减少测量误差,应当先确定被测流体的体积,再测所需的时间(即体积-时间法)。另一种是转速数字显示仪。目前这类显示仪使用较广,使用这种显示仪时应注意对应于不同编号的涡轮流量计,其流量转换系数不同,其值一般由生产厂家在实验确定后提供给用户,不能相互套用。

(2)电磁式和超声波式流量计　电磁式流量计如图3-6所示,其工作原理是利用某些流体介质具有导电性,在一段非导磁材料做成的管道外壁安装一对N和S磁极产生磁场,当导电流体(要求其电导率不小于$10^{-5} \sim 10^{-6}$S/cm,即不小于水的电导率)流经管道时,流体切割磁力线产生感应电势(当磁场强度和管径一定时,感应电势大小仅与流体的流速有关),将此信号放大传送至显示仪表,就可对流体的流量进行测量。

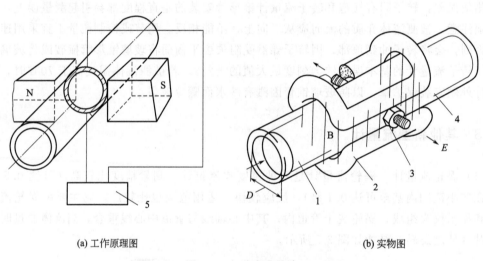

图3-6　电磁式流量计
1—流体；2—励磁线圈；3—电极；4—管道；5—测量仪表；
D—直径；B—磁力线；E—感应电势

超声波式流量计的作用原理类似于电磁式流量计,它是利用某些流体介质对超声波具有吸收性,将一对超声波放射-接收探头安装于管道外壁,当流体流过时,流体流速与接收端超声波强度存在一定的关系,该响应经适当的电路信号转换放大后,输出至显示仪表,从而达到流量测量的目的。

这类流量计的显著特点是：可以用于各种腐蚀性流体的流量测量,且其输出信号不受流体的物性(如黏度、密度等)和操作条件(如流体温度、压力等)影响,响应快。但对信号放大器要求高,测量电路较复杂,受外界电磁场干扰大,仪器精度不够高,不能用于气体和蒸汽的测量。

(3) 靶式流量计　靶式流量计是一种速度式流量计，如图 3-7 所示。测量时，在流体流动的管道中迎着流体流向于管轴同心安装的一小圆形钢片即"靶"，当流体流动时，靶上所受到的冲压头转换成静压头，使靶受力，由此得出流速与靶受力大小的响应关系，并相应转换为气压或电信号即可实现流量的测量。从这一方面来看，其原理有些类似于皮托管流量计。靶式流量计的主要特点是流量计系数受管道雷诺数的影响很小，对小流量和高黏度流体测量精度高，无须节流元件及测压导管，维护方便，但不适合于含有固体颗粒和易于结晶的流体测量。

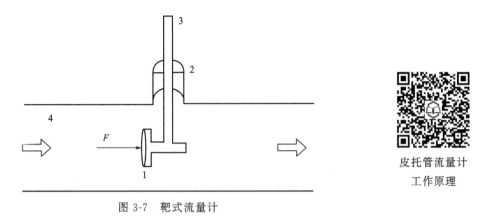

图 3-7　靶式流量计
1—靶；2—输出轴密封片；3—靶的输出力杠杆；4—管道；F—流体推力

皮托管流量计
工作原理

3.2　压力测量与仪表

在化工生产和实验过程中，操作压力是非常重要的参数，要求测量的压力范围也很广，往往从几毫米水柱到几百兆帕。在不同的工艺条件（如高温、低温、强腐蚀性或易燃易爆介质的压力）下，其测量又有它的特殊性，这就要求针对不同要求采用不同的测量方法，以满足生产上的各种不同的要求。

压力测量仪表按其转换原理的不同，大致可分为四大类：
① 液柱式压力计。将被测压力转换成液柱高度差进行测量。
② 弹性式压力计。将被测压力转换成弹性变形的位移进行测量。
③ 电气式压力计。将被测压力转换成各种电量进行测量。
④ 活塞式压力计。将被测压力转换成活塞上所加平衡砝码的重（质）量进行测量。
下面分类介绍各种常用的测量仪表及方法。

3.2.1　液柱式压力计

液柱式压力计是基于流体静力学原理，利用液柱高度产生的压力和被测压力相平衡的原理设计制成的。它的结构简单，精度较高，价格低廉，使用和读数较为直观，既可用于测量流体的压力，又可用于测量流体管道两点间的压力差。它一般是由玻璃管制成，常用的工作液体有水、水银、酒精等，所用液体与被测介质接触处必须有一个清楚而稳定的分界面以便准确读数。由于指示液与玻璃管会发生毛细现象，所以在自制液柱式压力计时应选用内径大于 8mm 的玻璃管，以减小毛细现象引起的误差。同时，由于玻璃管的耐压能力低和长度有限，只能用于 0.1MPa 以下的正压或负压场合的测量。

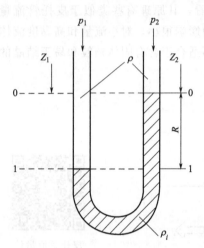

图 3-8 U 形管压差计结构示意

(1) U 形管压力计（U 形管压差计） U 形管压力计是利用 U 形管两端的液位差来反映压力值，常被称为 U 形管压差计。U 形管压差计的零点在标尺中间，使用前不需调零，常用于标准压力计校正。U 形管压差计在使用前，工作液体处于平衡状态，当作用于 U 形管压差计两端的势能不同时，管内一边液柱下降，而另一边则上升，重新达到平衡状态，结构如图 3-8 所示。当用 U 形管压差计测量管道液体流经两截面的压力差时，根据流体静力学基本方程式有

$$\Delta p = (p_1 + \rho g Z_1) - (p_2 + \rho g Z_2) = (\rho_A - \rho_B)gR \tag{3-5}$$

式中，p_1、p_2——被测截面压力，Pa；Z_1、Z_2——被测截面位置高度，m；ρ_A——U 形管压差计指示液的密度，kg/m³；ρ_B——被测液体的密度，kg/m³；R——U 形管压差计液柱高度差读数，m；g——重力加速度，9.81m/s²。

(2) 单管压差计 由于 U 形管压差计需要读取两侧的液面高度，使用不方便。因此，将 U 形管压差计进行变形设计成一侧读取液面高度的单管压差计，即用一只杯形容器代替 U 形管压差计中的一根管子，通过截面差实现压力差的显示，如图 3-9 所示。

从图中可以看出，它仍是一个 U 形管压差计，只是它两侧管子的直径差很大（一般两者的比值应不小于 200 倍）。在其两端作用不同压力时，一侧液面下降（杯形物一边下降到 h_2），另一侧液面上升（细管一边的液柱从平衡位置升高到 h_1）。根据等体积原理，上升端（h_1）远大于下降端（h_2），故下降端（h_2）可忽略不计。因此，只要读取上升端（h_1）即可快速测量压差值。

(3) 倾斜式压差计 倾斜式压差计是把单管压差计的玻璃小管与水平方向作 α 角度的倾斜，如图 3-10 所示。倾斜角度的大小可以根据需要调节，读数时读取倾斜角 α 和液柱长度 R'，即将原来的读数 R 放大到 $R/\sin\alpha$。R 与 R' 有如下关系。

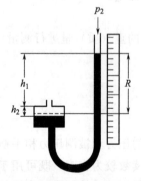

图 3-9 单管压差计结构示意

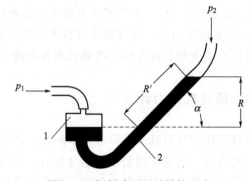

图 3-10 倾斜式压差计结构示意

$$R' = \frac{R}{\sin\alpha} \quad (3\text{-}6)$$

（4）倒 U 形管压差计　倒 U 形管压差计如图 3-11 所示。倒 U 形管压差计内充空气，待测液体液柱差表示压差的大小，一般用于测量液体小压差的场合。由于工作液体在两个测量点上的压力不同，故在倒 U 形的两根支管中上升的液柱高度也不同，且因液体密度远大于气体密度，则有

$$p_1 - p_2 = (\rho_i - \rho_{\text{空气}})gR \approx \rho gR \quad (3\text{-}7)$$

（5）微差压差计　微差压差计如图 3-12 所示，一般用于测量小压差的场合。U 形管中装有液体 A 和液体 C 两种密度相近的指示液，且两臂上方分别有"扩大室"，有利于提高测量准确度。由流体静力学原理可知，压力差可用式(3-8)计算。

$$\Delta p = p_1 - p_2 = (\rho_A - \rho_C)gR \quad (3\text{-}8)$$

当测量体系中的压差很小时，为了扩大读数 R，减小相对读数误差，可以通过减小（$\rho_A - \rho_C$）来实现。（$\rho_A - \rho_C$）越小，R 就越大，但两种指示液必须有清晰的分界面。工业实际应用中常以石蜡油和工业酒精为指示介质，实验室中常以苯甲基醇和氯化钙溶液为指示介质。氯化钙溶液的密度可以用不同的浓度来调节。

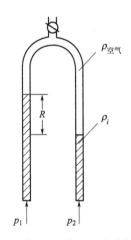

图 3-11　倒 U 形管压差计结构示意

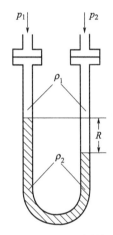

图 3-12　微差压差计结构示意

3.2.2　弹性式压力计

弹性式压力计是利用各种形式的弹性元件，在被测介质压力的作用下，使弹性元件受压后产生弹性变形的原理而制成的测压仪表。一般分为三类：薄膜式、波纹管式、弹簧管式。这类仪表具有结构简单、使用方便、读数清晰、牢固可靠、价格低廉、测量范围宽等优点，可以用来测量几百帕到数千兆帕范围内的压力，因此在工业上应用非常广泛。

常用的弹性元件有弹簧管、膜片、膜盒、波纹管等。波纹膜片和波纹管，多用于微压和低压测量；单圈和多圈弹簧管可用于高、中、低压，甚至真空度的测量。几种弹性元件的结构如图 3-13 所示。

现以最常见的单圈弹簧管式压力计为例，说明弹性式压力计的工作原理。弹簧管式压力计主要由弹簧管、齿轮传动机构、示数装置以及外壳等部分组成，其结构如图 3-14 所示。

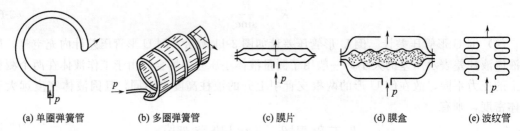

(a) 单圈弹簧管　　(b) 多圈弹簧管　　(c) 膜片　　(d) 膜盒　　(e) 波纹管

图 3-13　弹性元件结构示意

单圈弹簧管是一根弯成圆弧形的椭圆截面的空心金属管子。管子的一端固定在接头上，另一端即自由端封闭并通过齿轮传动机构和指针连接。当其固定端通入被测压力 p 后，由于椭圆形截面在压力 p 的作用下将趋向圆形，弯成圆弧形的弹簧管随之产生向外挺直的扩张变形，其自由端就会产生向外的位移。输入的压力 p 越大，产生的变形也越大，由于输入压力与弹簧管自由端的位移成正比。所以，只要测得自由端的位移量，就能反映压力 p 的大小。

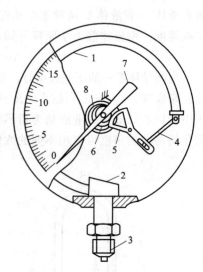

图 3-14　单圈弹簧管式压力计
1—弹簧管；2—固定端；3—接头；4—拉杆；
5—扇形齿轮；6—中心齿轮；7—指针；
8—游丝

3.2.3　电气式压力计

随着工业自动化程度不断提高，仅仅采用就地指示仪表测定待测压力远远不能满足要求，往往需要将压力测量信号进行远距离传送、显示、报警、检测与自动调节，以便于应用计算机自动控制技术，实现集中检测和控制，从而适应现代化工业生产过程。能够测量压力并将电信号远传的装置称为压力传感器。常用的压力传感器有应变片式、霍尔片式、压阻式、电容式等。将压力传感器的信号输送到数据显示、记录仪表的装置叫压力变送器。它通过压力传感器直接将被测压力变换成电阻、电流、电压、频率等形式的信号输送给显示、记录仪表，从而完成压力测量。这样一套完整的压力测量装置常称为电气式压力计。电气式压力计一般由压力传感器、测量电路和信号处理装置组成，这类压力计由于具有反应较快，易于远距离传送等特点，在自动控制系统中具有广泛用途和重要作用，且特别适用于有脉动或变化的高真空（$<10^{-2}$ mmHg，1mmHg＝133.322Pa）或超高压（$\geqslant 10^2$ MPa）场合。实验室中常用的电接点式压力计即属此类。

现以应变片式压力传感器为例，说明压力传感器的工作原理。应变片式压力传感器是利用电阻应变原理制成的。电阻应变片有金属应变片（金属丝或金属箔）和半导体应变片两类。图 3-15 为丝式和箔式电阻应变片的结构。图 3-16 为应变片式压力传感器测量示意图。

在化工生产或化工原理实验研究中，常常需要对压力表进行校准和调试，可采用活塞式压力计进行校准，或对某一体系的绝对压力的测试等可采用活塞式压力计进行直接测试。

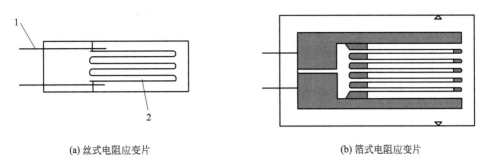

(a) 丝式电阻应变片　　　　　　　　(b) 箔式电阻应变片

图 3-15　电阻应变片结构示意

1—引出线；2—电阻丝

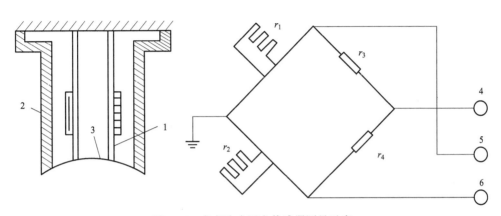

图 3-16　应变片式压力传感器测量示意

1—应变筒；2—外壳；3—不锈钢密封膜片；4—输出信号；5—恒压直流；6—电源

3.2.4　活塞式压力计

活塞式压力计是根据水压机液体传递压力的原理，将被测压力转换成活塞面积上所加平衡砝码的重量进行测压的。活塞式压力计测量精度很高，允许误差可小到 0.02%～0.05%，它被普遍用作标准测压计来校验其他各类压力计。活塞式压力计是基于帕斯卡定律及流体静力学平衡原理产生的一种高准确度、高复现性和高可信度的标准压力计量仪器。活塞式压力计常简称压力计，也称为压力天平，主要用于计量室、实验室以及生产或科学实验环节作为压力基准器使用，也有将活塞式压力计直接应用于高可靠性监测环节对当地其他仪表的标准进行监测。

3.2.5　测压仪表的选用及注意事项

压力计的选用应根据使用要求，在符合生产工艺过程所提出的技术要求条件下，以经济合理为原则，进行种类、型号、量程和准确度等级的选择。选择依据主要有以下几点。

（1）仪表种类的选择　根据被测介质的性质（如温度高低、黏度大小、腐蚀性、是否易燃易爆等），是否有特殊要求，是否需要信号远传、记录或报警，以及现场环境条件（湿度、温度、磁场强度、振动）等选择仪表类型。

如果要求就地指示，一般选用弹性式压力计即可。对常用的水、气、油可采用普通弹簧管式压力计；特殊介质要选用专用压力计，如氨用压力计，弹簧管的材料要采用碳钢，不允许采用铜合金；在易燃易爆的危险场所，应选用防爆型压力计。如果要求信号远传，一般选用传感器式压力计。

（2）仪表测量范围的确定　在测量压力时，为了延长仪表的使用寿命，压力计的上限值应该高于工艺生产中可能的最大压力值。为了保证测量值的准确度，所测得压力值不能太接近于仪表的下限值，即仪表的量程不能选得太大，一般以被测压力的最小值不低于仪表满量程的 1/3 为宜；在被测压力较稳定的情况下，最大压力值应不超过满量程的 3/4；在被测压力波动较大的情况下，最大压力值应不超过满量程的 2/3。具体方法是：根据被测压力的最大、最小值确定出仪表的上、下限，然后在国家规定生产的标准系列中选取。

（3）仪表准确度等级的选择　仪表的准确度等级是根据工艺生产上所允许的最大测量误差来确定的。一般来说，所选用的仪表准确度等级越高，则测量结果越准确、可靠；但准确度等级越高的仪表，一般价格越贵，维护和操作要求越高。因此，在满足工艺要求的前提下，应尽可能选择准确度较低、价廉耐用的仪表。

常用测压仪表的种类、特点和应用范围见表 3-1。

表 3-1　常用测压仪表的种类、特点和应用范围

类别	名称	特点	测量范围	精度/级	应用范围
液柱式压力表	U 形管压差计	结构简单，制作方便，但易破损，指示液易污染环境	0~20 000Pa, 0~2 000mmHg	1.5	测量气体的压力及压差，也可用作压差式流量计、气动单元组合仪表的校验
	单管压差计		单管 3 000~15 000Pa, 多管 2 500~6 300Pa		
	倾斜式压差计		400Pa, 1 000Pa, (1 250±250)Pa, ±500Pa	1	测量气体微压、炉膛微压及压差
	补偿式微压表		0~1 500Pa	0.5	
普通弹簧式压力表	普通弹簧管式压力表电接点压力表	结构简单，成本低廉，使用维护方便，便于直接安装读数	−0.1~60MPa	1.5, 2.5	测量非腐蚀性、无结晶的液体、气体、蒸气的压力和真空度，在防爆场合使用，电接点压力表应选防爆型
	双针双管压力表		0~2 500kPa	1.5	测量无腐蚀介质的两点压力
	双面压力表		0~2.5MPa		两面显示同一测量点的压力
	标准压力表（精密压力表）	精度高，读数准确	−0.1~250MPa	0.25, 0.4	校验普通弹簧管式压力表以及精确测量无腐蚀性介质的压力和真空度

续表

类别	名称	特点	测量范围	精度/级	应用范围
专用弹簧管式压力表	氨用压力表	弹簧管的材料为不锈钢	0.1~60MPa	1.5, 2.5	测量液氨、氨气及其混合物和对不锈钢不起腐蚀作用介质的压力
	氧气压力表	严格禁油			测量氧气的压力
	氢气压力表	接口反扣螺纹,氢气专用	0~60MPa		测量氢气的压力
	乙炔压力表	乙炔气专用	0~2.5MPa	2.5	测量乙炔的压力
	耐硫压力表	硫化氢专用	0~40MPa	1.5	测量硫化氢的压力
膜片式压力表	膜片式压力表	膜片材料为 1Cr18NiTi 和含钼不锈钢	0~40MPa 或根据实际需要设计	1.5, 2.5	测量腐蚀性、易结晶、易凝固、黏性较大的介质压力和真空度
	隔膜式耐蚀压力表				
	隔膜式压力表				

除了选用合适的压力表外,还需注意压力表的正确安装,否则将直接影响到测量结果的准确性和仪表的使用寿命。因此,在使用和安装过程中还应注意以下几点。

(1) 选择合适的测压点 取压点应尽量选在受流体流动干扰最小的地方,远离管子弯头、阀门或其他障碍物,一般距离为 $40d$ 左右,如果取压点距产生局部阻力的这些部件的距离达不到 $40d$,可以采用装整流板或整流管的方法。

(2) 合理的取压口 由于管壁上开孔会扰乱流体在开孔处的流动型态,流体流经孔时,流线会向孔内弯曲,并在孔内产生旋涡,所以开孔直径 d 不宜太大或太小,一般 $d=0.5\sim 1mm$。对于直径较大的管道或有正交流和涡流产生的场合可采用均压环,以消除管道各点的静压差或不均匀流动而引起的附加误差。

(3) 压力表的校验和产生误差的原因 压力表的校验主要是校验其指示值误差、变差和线性,并相应地进行零点、终点和非线性的调整。压力校验设备主要是活塞式压力计和精度在 0.5 级以上的标准压力表,弹性式压力表造成误差的原因主要是弹性元件的质量变化和传动——放大机构的摩擦、磨损、变形和间隙等。

(4) 压力表的安装 除正确选定生产设备上的具体测取压强的地点外,安装时插入生产设备中的取压管内端面应与设备连接处的内壁保持平齐,不能有凸出物或毛刺,以保证正确地取得静压强。安装地点应力求避免振动和高温的影响。测量蒸汽压强时,应加装凝液管,以防止高温蒸汽与测压元件直接接触。对于有腐蚀性介质应加装充有中性介质的隔离罐。总之,针对被测介质的不同性质采取相应的防温、防腐、防冻、防堵等措施。取压口到压力表之间还应装有切断阀门,以备检修压力表时使用。在需要进行现场校验和经常冲洗导压管的情况下,切断阀门可改用三通开关。导压管不宜太长,以减少压力指示的迟缓。

3.3 温度测量与仪表

温度是表征物体冷热程度的物理量,是化工生产和实验中最普遍、最重要的操作参数之一。在化工生产中,温度的测量与控制有着重要的地位,是保证反应过程正常进行,确保产品质量与安全生产的关键环节。同样,每个化工原理实验装置上都装有温度测量仪表,如传热、精馏等,就是一些常温下的流体力学实验,也需要测定流体的温度,以便确定流体的物理性质,如密度、黏度等数值。因此,温度的测量与控制在化工实验中占有很重要的地位。

温度不能直接测量,只能借助于冷热不同物体的热交换以及随冷热程度变化的某些物理特性进行间接测量。流体温度的测量方法一般分为接触式测温与非接触式测温两类。

(1) 接触式测温方法 将感温元件与被测介质直接接触,需要一定的时间才能达到热平衡。因此会产生测温的滞后现象,同时感温元件也容易破坏被测对象的温度场并有可能与被测介质产生化学反应。另外,由于受到耐高温材料的限制,接触式测温方法不能应用于很高温度的测量。但接触式测温方法具有简单、可靠、测量精确的优点。常用的接触式温度计有玻璃管温度计、双金属温度计、热电偶温度计及热电阻温度计等。

(2) 非接触式测温方法 感温元件与被测介质不直接接触,而是通过热辐射来测量温度,反应速率一般比较快,且不会破坏被测对象的温度场。在原理上,该方法没有温度上限的限制,但易受物体的反射率、被测对象与仪表之间的距离、烟尘和水蒸气等的影响,因而测量误差较大。

温度测量仪表种类繁多,表 3-2 为常用测温仪表的分类及性能。下面介绍最常用的热膨胀式温度计、热电阻温度计、热电偶温度计、非接触式温度计的工作原理以及安装和使用中的有关问题。

表 3-2 常用测温仪表的分类及性能

工作原理	名称	使用温度/℃	优点	缺点
	玻璃毛细管液体温度计	−80~500	结构简单,使用方便,测量准确,价格低廉	测量上限和精度受玻璃质量的限制,易碎,不能记录与远传
	双金属温度计	−80~500	结构简单,机械强度大,价格低廉	精度低,量程和使用范围均有限制
	压力式温度计	−100~500	结构简单,不怕振动,具有防爆性,价格低廉	精度低,测温距离较远时,滞后现象较严重
热电阻	铂电阻 铜电阻	−260~630 −50~150	测温精度高,便于远距离、多点、集中测量和自动控制	不能测量高温,由于体积较大,点温度测量较困难
热电偶	铜-康铜 铂铑-铂 镍铬-铜镍 镍铬-镍硅	−100~350 0~1300 0~600 0~1000	测温范围广,精度高,安装方便,寿命长,便于远距离、多点、集中测量和自动控制	需要进行冷端温度补偿,在低温段测量时精度低
非接触式	光学高温计 辐射高温计	700~2000 100~2000	测量范围广,感温元件不破坏被测物体温度场	只能测高温,在低温段测量不准;测量精度与环境条件有关

3.3.1 热膨胀式温度计

热膨胀式温度计主要是利用一些材料在温度变化状态下的热胀冷缩现象制成的一类温度计,具有结构简单的优点,能直接测试或显示温度值。

常用的有玻璃液体温度计,它的测温原理应用了液体在受热后体积发生膨胀的性质。

$$V_{t1} - V_{t2} = V_{t0}(\alpha - \alpha')(t_2 - t_1) \quad (3-9)$$

式中，V_{t1}、V_{t2}——液体在温度分别为 t_1 和 t_2 时的体积，m^3；V_{t0}——同一液体在0℃时的体积，m^3；α——液体体积膨胀系数；α'——盛液容器的体积膨胀系数。

由式(3-9)可知，膨胀系数 α 越大，液体的体积随温度升高而增加的数值也越大。因此，选用 α 数值大的工作液体可提高这种温度计的测量精度。利用热膨胀式温度计的原理可制成电接点式温度计。此温度计可起到测温和控温的双重作用。

(1) 玻璃毛细管液体温度计　这是人们最常用、最熟悉的一种温度计，其主要优点是直观、测量准确、结构简单、价格低，因此广泛用于工业和实验中。它主要是利用某类液体材料的膨胀式体积变化设计的一类温度计。

按用途可分为三类：工业用、实验室用和标准水银温度计。

标准水银温度计常分为两个精度等级，其分度值分别为 0.05℃ 和 0.1℃，主要用于其他温度计的校验和精密测温中。成套使用的标准水银温度计一般有 7 支，测温范围有 -30~300℃ 和 -32~302℃ 两种。

实验室常用温度计具有较高的精度和灵敏度，一般为棒式，也有内标式，有测温范围为 -30~350℃ 8 支一组的和 -30~300℃ 4 只一组的水银温度计。此外，在工业和实验室中还常用到一种红色液体（酒精染色或煤油染色）指示的玻璃温度计（俗称酒精或红液温度计、红水温度计），其测温范围较窄，多在 0~100℃ 或 0~200℃ 之间，主要特点是醒目，破碎后无水银污染，适合学生实验或精度要求不高的环境。

工业用温度计一般做成内标尺式，其下部为 90° 和 135° 角等形式。为了避免温度计在使用时被碰破，在其外面通常加有轴向开槽的金属保护套管。

水银温度计的最小分度值可达 0.01℃，常见的为 0.2~0.1℃。有些特殊温度计（如贝克曼温度计）标尺的整个测量范围只有 5~6℃ 或更小，分度值可达 0.002℃ 或更小。显然，温度计分度越细，制造工艺越难，其价格也越贵。

由于水银温度计一旦破损其内部的水银泄漏处置起来麻烦，而且泄漏在环境中的水银有严重的污染，对人体健康也有严重危害。该温度计目前一般应该被淘汰或者在有些实验室或工业场所禁止使用。

玻璃毛细管液体温度计的校验方法如下。

① 冰点以下的校验。先将温度计插入酒精溶液内，然后加入干冰使其达到零点以下，所需温度由加入干冰的量来调整。校验用温度计一般采用二等标准温度计。

② 冰点的校验。应在冰水共存的条件下进行，因机制冰含有杂质，故其冰水共存时的温度不是真正的零点温度，因此在校验一等与二等标准温度计时，应在由蒸馏水制成的冰水中进行。

③ 95℃ 以下的校验。在普通水溶液中进行，介质为一般自来水。

④ 100~300℃ 的校验。因为水在常压下于 100℃ 沸腾，所以 95℃ 以上的校验应在油浴中进行，选择油介质时要考虑油的黏度及闪点。对于 100~200℃ 的校验一般用变压器油；200~300℃ 的校验则用 52$^\#$ 机油。

(2) 双金属温度计　双金属温度计是一种测量中低温度的现场检测仪表，可以直接测量各种生产过程中的 -80~500℃ 范围内液体蒸气和气体介质温度。双金属温度计以绕成螺纹形的热双金属片为感温器件，并将其装在保护套管内，其中一端固定，称为固定端，另一端连接在一根细轴上，称为自由端，并在自由端细轴上装有指针。当温度发生变化时，感温器件的自由端随之发生转动，带动细轴上的指针产生角度变化，在标度盘上指示对应的温度。

常见的双金属温度计如图 3-17 所示。

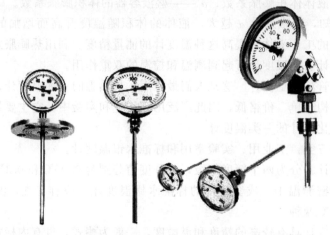

图 3-17　常见的双金属温度计

另一种双金属温度计中的感温元件是由两片线膨胀系数不同的金属片叠焊在一起制成的。双金属片受热后，由于两片金属片的膨胀长度不相同而产生弯曲，如图 3-18 所示。温度越高，产生的线膨胀长度差越大，因而引起弯曲的角度就越大。双金属温度计就是按这一原理而制成的。

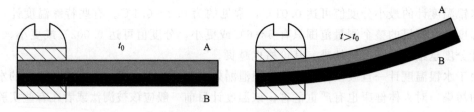

图 3-18　双金属片温度计

用双金属片制成的温度计通常被用作温度继电控制器、极值温度信号器或某一仪表的温度补偿器，过去很少作为独立的测量仪表，但随着加工精度的提高和新材料的出现，目前已生产出工业用指示式双金属温度计，直接用在不需要电源信号等特殊场所。

(3) 压力式温度计　压力式温度计的原理是基于密闭测温系统内液体蒸发的饱和蒸气压力和温度之间的变化关系进行温度测量的。当测温液体（通常称为温包）感受到温度变化时，密闭系统内饱和蒸气产生相应的压力，引起弹性元件曲率的变化，使其自由端产生位移，再由齿轮放大机构把位移变为指示值。这种温度计具有温包体积小、反应速率快、灵敏度高、读数直观等特点，几乎集合了热膨胀式温度计、双金属温度计、气体压力温度计的所有优点。它可以制造成防震、防腐型，并且可以将气体膨胀的压力转化成电信号实现远距离传输。该类温度计是目前使用范围最广、性能最全面的一种机械式测温仪表。

压力式温度计是由测温元件（温包和接头管）、毛细管和弹簧管等元件构成的一个封闭系统，系统内充填的工作物质可以是气体、液体或低沸点液体的饱和蒸气等。测量时，温包放在被测介质中，温包内工作物质的压力因温度升高而增大，该压力变化经毛细管传给弹簧管，并使其产生一定的变形，再借助于指示机构指示出被测的温度数值。

温包、毛细管和弹簧管是压力计式温度计的三个主要元件。仪表的质量好坏与它们的关系极大，因此对它们有一定的要求。

温包是直接与被测介质接触，用来感受被测介质温度变化的元件，因此要求它具有较高的强度、小的膨胀系数、高的热导率以及抗腐蚀等性能。温包常用黄铜或钢来制造，在测量腐蚀性介质的温度时可以用不锈钢来制造。

毛细管是用铜或钢等材料冷拉成的无缝细圆管，用来传递压力的变化。毛细管的直径越细、长度越长，则传递压力的滞后现象就越严重，也就是说，温度计对被测温度的反应越迟钝。然而，在同样长度下，毛细管越细，仪表的精度就越高。毛细管容易被碰伤、折断，因此必须加以保护。对不经常弯曲的毛细管，可用金属软管做保护套管。

3.3.2 热电阻温度计

热电阻温度计的测量范围多为 $-200 \sim 500℃$。在特殊情况下，测量的低温端可测到平衡氢的三相点（13.81K），甚至更低些，高温端可测到1000℃。其测温特点是准确度高、灵敏性好，同时因其输出直接为电信号（电阻），故便于远传输送和实现多点切换测量。

（1）测温原理　热电阻温度计是根据导体（或半导体）的电阻值随温度变化具有较好的线性关系，将电阻值的变化用显示仪表反映出来，从而达到测温的目的。

（2）工业常用热电阻　热电阻温度计是由热电阻、连接导线和二次显示仪表三部分组成。虽然大多数金属导体的电阻值随温度的变化而变化，但是它们并不都能作为测温用的热电阻。测温用热电阻材料应满足以下要求：

① 电阻温度系数应比较大，这样温度变化所引起的电阻值变化才能大。

② 电阻率要大，这样小尺寸下就有大电阻值。

③ 在整个测温范围内，应具有稳定的理化性能和良好的重复性。

④ 电阻值与温度具有良好的线性关系。

工业和实验室中常用的热电阻有铂电阻（WZP）和铜电阻（WZC）两种，见表3-3。

表3-3　常用热电阻种类及特性

热电阻名称	型号	分度号	测温范围/℃	0℃时电阻值及其允差/Ω
铂电阻	WZP	Pt100	$-260 \sim 630$	100 ± 0.1
铜电阻	WZC	Cu100	$-50 \sim 150$	50 ± 0.05
		Cu50	$-50 \sim 150$	100 ± 0.1

目前还有一种高精度的Pt1000铂热电阻。Pt1000即表示在0℃时，其阻值为1000Ω，在300℃时，其阻值约为2120.515Ω。常见的Pt1000感温元件有陶瓷、玻璃、云母。它们是由铂丝分别绕在陶瓷、玻璃、云母的骨架上再经过复杂的工艺加工而成的，其主要用在高精度测温装置和精密传感器上。铂电阻的特点是重复性及稳定性好，较纯，但原材料昂贵。

铜电阻在测温范围内具有很好的稳定性。超过150℃时，由于铜易被氧化而失去电阻-温度线性关系，以及高温时机械强度小、体积大、电阻线过长等原因，一般很少用。铜电阻的特点是易于加工，在规定的温度范围内线性关系较强，价格便宜。

与热电阻配套使用的测量电路常有两种，即电子自动平衡电桥及不平衡电桥，其电桥信号采用动圈式仪表（XCT-102 型，或 XCT、XQA、XQD、XDC、XDD 型）或者电动温度变送器（DBW）进行输出显示或调节控制。

（3）热电阻的构造

① 普通型热电阻。主要由电阻体、引线端、绝缘子、保护套管和接线盒组成。其中，保护套管和接线盒与热电偶的基本相同。

② 铠装式热电阻。将电阻体预先拉制成型并与绝缘材料和保护套管连成一体。这种热电阻具有体积小、抗震性能好、可弯曲、热惯性小、使用寿命长的优点。

3.3.3 热电偶温度计

热电偶温度计是工业和实验室中最常用的一种测温元件，具有结构简单、使用方便、准确度高、测量范围宽等优点，因此得到了广泛应用。

（1）热电偶测温原理　把两种不同的导体或半导体连接成如图 3-19 所示的闭合回路，如果将两个接点分别置于温度为 t 及 t_0（$t > t_0$）的热源中，则在回路内就会产生热电动势（简称热电势），这种现象称为热电效应。这两种不同导体的组合就称为热电偶。每根单独的导体称为热电极。两个接点中，t 端称为工作端（测量端或热端），t_0 端称为自由端（参比端或冷端）。由于两个接点处温度不同，就产生了两个大小不同、方向相反的热电势 $e_{AB}(t)$ 和 $e_{AB}(t_0)$。在此闭合回路中，总热电势 $E_{AB}(t,t_0)$ 为

$$E_{AB}(t,t_0) = e_{AB}(t) - e_{AB}(t_0) \tag{3-10}$$

当热电偶材质一定时，热电势 $E_{AB}(t,t_0)$ 是接点温度 t 和 t_0 的函数差。如果冷端温度 t_0 保持不变，则热电势 $E_{AB}(t,t_0)$ 就成为温度 t 的单值函数了，这样只要测出热电势的大小，就能判断测温点温度的高低。这就是利用热电偶测温的基本依据。

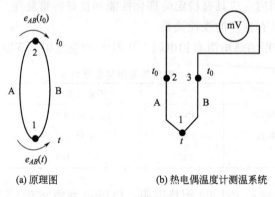

(a) 原理图　　　　　(b) 热电偶温度计测温系统

图 3-19　热电现象

（2）常用热电偶的种类及特性　理论上任意两种金属导体材料都可以组成热电偶，但实际情况并非如此。对它们还必须进行严格的选择。热电偶材料应满足以下要求。

① 温度增加 1℃时所能产生的热电势要大，而且热电势与温度应尽可能呈线性关系。

② 物理化学性质稳定，即在测温范围内其热电性质不随时间而变化，在高温下不被氧化和腐蚀。

③ 材料组织要均匀，要有韧性，便于加工成丝。

④ 复现性好，便于成批生产，而且在应用上保证良好的互换性。

工业上和实验室中常用热电偶种类及特性见表 3-4。

表 3-4　常用热电偶种类及特性

热电偶名称	分度号	测温范围/℃		特点
		长期使用	短期使用	
铂铑$_{30}$-铂铑$_6$	B	300～1 600	1 800	热电势小,测量温度高,适用于中性和氧化性介质,价格高
铂铑$_{10}$-铂	S	0～1 300	1 600	热电势小,测量温度高,适用于中性和氧化性介质,价格高
镍铬-镍硅	K	0～1 000	1 200	热电势大,线性好,适用于中性和氧化性介质,价格便宜
镍铬-铜镍	E	0～600	750	热电势大,线性差,适用于氧化及弱还原性介质,价格便宜
铜-康铜	T	－100～350	500	热电势大,线性差,适用于氧化、还原或惰性介质,价格便宜

（3）热电偶冷端的温度补偿　由热电偶测温原理可知,只有当热电偶冷端温度保持不变时,热电势才是热端温度的单值函数。由于在实际应用时,热电偶的热端（工作端）与冷端距离很近,往往不易使冷端温度恒定,而且冷端又暴露在空气中,容易受到周围环境温度波动的影响,因而必须设法维持冷端温度恒定。比较好的办法是把热电偶做得很长,使冷端远离热端并延伸到恒温或温度波动较小的地方（如检测、控制室内）。但是,对于贵金属材料的热电偶来说是很不经济的。因此一般采用专用导线（补偿导线）,将热电偶的冷端延伸出来,使其远离工作端,如图 3-20 所示。只要热电偶原冷接点 4、5 两处的温度 t_0' 在 0～100℃,将热电偶的冷接点移至位于恒温器内补偿导线的端点 2 和 3 处,就不会影响热电偶的热电势。

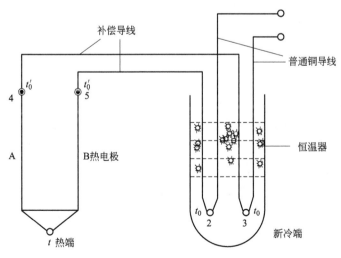

图 3-20　补偿导线的接法和作用

补偿导线是在一定温度（0～100℃）范围内,与所要连接的热电极具有相同的热电特性且价格比较低廉的金属。若热电偶本身是廉价金属,则补偿导线就是热电极的延长线。常用热电偶的补偿导线如表 3-5 所示。

表 3-5 常用热电偶的补偿导线

热电偶名称	补偿导线 正极 材料	补偿导线 正极 颜色	补偿导线 负极 材料	补偿导线 负极 颜色	工作端为 100℃，冷端为 0℃ 的标准热电偶/mV
铂铑-铂	铜	红	镍铜	白	0.64±0.03
镍铬-镍铝（硅）	铜	红	康铜	白	4.10±0.15
镍铬-康铜	镍、铬	褐、绿	康铜	白	6.95±0.30
铁-康铜	铁	白	康铜	白	5.75±0.25
铜-康铜	铜	红	康铜	白	4.10±0.15

连接和使用补偿导线时应注意检查极性（补偿导线的正极应连接热电偶的正极）。如果极性连接不对，测量误差会很大；在确定补偿导线长度时，应保证两根补偿导线的电阻与热电偶的电阻之和，不超过仪表外电路电阻的规定值；热电极和补偿导线连接端所处的温度不超过 100℃，否则会由于热电特性不同产生新的误差。

采用补偿导线之后，将热电偶的冷端从温度较高和不稳定的地方延伸到温度比较稳定的地方，但冷端温度不是 0℃。通常，热电势-温度关系曲线都是在冷端温度为 0℃ 下得到的。因此，在应用热电偶测温时，必须将冷端温度保持为 0℃，或者是进行一定修正才能得出准确的测量结果。

保持冷端温度为 0℃ 的方法通常有如下三种。

① 冰浴法。先将热电偶的冷端放入盛有绝缘油的试管中，再将试管放入盛满冰水混合物的容器内，使冷端温度维持在 0℃。这种方法多在实验室中使用。

② 冷端温度修正法。将热电偶冷端放入恒温槽中，并使恒温槽温度维持在高于常温的某一恒温 t_0。此时，与热端温度 t 相对应的热电势 $E(t,0)$ 可由式(3-11)计算得出。

$$E(t,0) = E(t,t_0) + E(t_0,0) \tag{3-11}$$

式中，$E(t,t_0)$——冷端温度为 t_0℃ 时测得的热电势；$E(t_0,0)$——从标准电势-温度关系曲线（冷端温度为 0℃）查得 t_0 时的热电势。

③ 补偿电桥法。利用不平衡电桥产生的电势来补偿热电偶因冷端温度变化而引起的热电势的变化。此外，还可采用校正仪表零点的方法进行冷端温度补偿，具体做法可以参见有关教材、文献或参考手册等，此处不再赘述。

(4) 热电偶的校验 热电偶的校验方法是：将被校验的几对热电偶与标准水银温度计拴在一起，尽量使它们接近，放在液浴（100℃ 以下用水浴，100℃ 以上用油浴）中升温。恒定后，用测温仪精确读出温度计数值。各对热电偶通过切换开关接至电位差计（高精度），热电偶使用一个公共冷端，并置于冰水共存的保温瓶中，读取毫伏数值。每个校验点温度的读数多于 4 次，然后取热电偶的电势读数的平均值，画出热电偶分度表。根据毫伏数值便可在表中查出相应的温度值。

3.3.4 非接触式温度计

非接触式温度计主要包括光学高温计和辐射高温计两类。光学高温计的测温原理是受热物体的温度越高，其颜色就越亮，单色辐射强度也就越大，受热物体的亮度大小反映了物体的温度数值。光学高温计是采用一已知温度的亮度（高温计灯泡灯丝的亮度）与被测物体的亮度进行比较来测量物体温度的。它广泛地用来测量冶炼、浇铸、轧钢、热处理等过程的温度，是冶金、化工和机械等工业生产过程中不可缺少的温度测量仪表之一。辐射高温计是基于物体的热辐射作用来测量温度的仪表，已被广泛地用于测量800℃以上的温度。辐射高温计不必与被测对象直接接触。所以从原理上讲，这种温度计的测量上限是无限的，且用这种温度计测温不会破坏被测对象的温度场。由于这种温度计用热辐射传热，它不必与被测对象达到热平衡，因而测量速度快、热惯性小。另外，这种温度计还有信息强、灵敏度高等优点。

3.3.5 温度计的选择及使用原则

温度计和温度传感器在选择和使用时，必须考虑以下几点：①被测物体的温度是否需要指示、记录和自动控制；②测温范围与准确度要求；③感温元件的尺寸是否会破坏被测物体的温度场；④被测温度不断变化时，感温元件的滞后性能（时间常数）是否符合测温要求；⑤被测物体和环境条件对感温元件有无损害；⑥使用接触式温度计时，感温元件必须与被测物体接触良好，且与周围环境无热交换，否则温度计测出的温度和真实温度有差异；⑦感温元件需要插入被测介质一定深度，在气体介质中，金属保护管插入深度为保护管的10～20倍，非金属保护管插入深度为保护管的10～15倍。

除此之外，温度计和温度传感器在使用前还必须进行校正，确保准确度后，才能正确安装和投入使用。

思考题

1. 节流式流量计由哪几部分组成？常用的节流装置有哪些？
2. 转子流量计的工作原理是什么？
3. 请查阅资料说明涡轮流量计使用的注意事项有哪些？
4. 压力或压差测量仪表有哪些？各有什么特点？
5. 电气式压力计的组成是什么？核心部件的作用是什么？
6. 热膨胀式温度计的测温原理是什么？常见的热膨胀式温度计有哪些？玻璃液体温度计如何进行校验？
7. 热电阻温度计的测温原理是什么？常见的热电阻温度计有哪些？
8. 热电偶温度计的测温原理是什么？常见的热电偶温度计有哪些？在什么情况下使用功能补偿导线？维持热电偶冷端恒定的方法有哪些？
9. 请查询资料列举常用的非接触式温度计有哪些。
10. 一转子流量计用标准状态下的水进行标定，量程范围为100～1000L/h，转子材质为不锈钢（密度为$7.85\times10^3 kg/m^3$），现用来测量密度为$7.89\times10^2 kg/m^3$的乙醇，此时可以计量乙醇的流量范围为多少？

第4章
化工原理实验项目

4.1 流体流动综合实验

实验1 流体流动阻力测定实验

1. 实验目的

(1) 熟练掌握测定流体流经圆直管和管件时的阻力损失的实验方法以及测定摩擦系数的工程意义。

(2) 学会用量纲分析法解决工程实际问题。

(3) 学会压差计、流量计的使用方法以及识别管路中各管件、阀门的作用。

(4) 通过测定不同流量状态下的摩擦系数,了解流体流动中能量损失的变化规律,认识工程实际中如何节能降耗、合理输送流体。

(5) 测定流体在光滑直管、粗糙直管中流动时流动阻力和直管摩擦系数 λ,并确定直管摩擦系数 λ 与雷诺数 Re 和相对粗糙度之间的关系及其变化规律,并与经验公式比较。

(6) 掌握坐标系的选用方法和对数坐标系的使用方法。

流体流动阻力测定实验

2. 基本原理

流体在管内流动时,由于黏性剪应力和涡流的存在,不可避免地要消耗一定的机械能。这种机械能的消耗包括流体流经直管时所造成的机械能损失(称为直管阻力损失)和流体通过管件、阀门时因流体运动方向和速度大小改变所引起的机械能损失(称为局部阻力损失)。

(1) 直管阻力损失 影响阻力损失的因素很多,尤其对湍流流体,目前尚不能完全用理论方法求解,必须通过实验研究其规律。对所需研究的过程做初步的实验和经验的归纳,尽可能地列出影响过程的主要因素。为了减少实验工作量,使实验结果具有普遍意义,必须采用量纲分析法将各变量组合为特征数关联式。根据量纲分析,影响阻力损失的因素有:流体性质（密度ρ、黏度μ）、管路的几何尺寸（直径d、管长l、管壁粗糙度ε）、流速u。关系式为

$$\Delta p = f(d, u, \rho, \mu, \varepsilon, l) \tag{4-1-1}$$

经过量纲分析法处理，可组合成以下无量纲数群，即

$$\frac{\Delta p}{\rho u^2} = \Phi\left(\frac{du\rho}{\mu}, \frac{l}{d}, \frac{\varepsilon}{d}\right) \tag{4-1-2}$$

$$\frac{\Delta p}{\rho} = f\left(\frac{du\rho}{\mu}, \frac{\varepsilon}{d}\right)\frac{l}{d} \times \frac{u^2}{2} \tag{4-1-3}$$

令

$$\lambda = f\left(\frac{du\rho}{\mu}, \frac{\varepsilon}{d}\right) \tag{4-1-4}$$

则式（4-1-3）变为

$$h_f = \frac{\Delta p}{\rho} = \lambda \frac{l}{d} \times \frac{u^2}{2} \tag{4-1-5}$$

式中，λ——摩擦系数。层流（滞流）时，$\lambda = 64/Re$；湍流（紊流）时，λ是雷诺数Re和相对粗糙度的函数，须由实验确定。

(2) 局部阻力损失　局部阻力损失可采用当量长度法和阻力系数法计算。

① 当量长度法。流体流经管路中的管件、阀门等造成的损失，相当于流体流过与其具有相当管径长度的直管阻力损失，这个直管长度称为当量长度，用符号l_e表示。流体在管路中流动时的总阻力损失h'_f为

$$h'_f = \lambda \frac{l + \sum l_e}{d} \times \frac{u^2}{2} \tag{4-1-6}$$

式中，l——管路中直管长度；$\sum l_e$——各种局部阻力的当量长度之和。

② 阻力系数法。流体流过某一管件或阀门时的阻力损失用流体在管路中的动能系数来表示，这种计算局部阻力的方法，称为阻力系数法，即

$$h'_f = \zeta \frac{u^2}{2} \tag{4-1-7}$$

式中，ζ——局部阻力系数，无量纲；u——在小截面管中流体的平均流速，m/s。

3. 实验装置

常见流体流动阻力实验的实验装置由水箱，离心泵，不同管径、材质的水管，各种阀门、管件，涡轮流量计和差压变送器（或压差计）等组成。管路部分是两段并联的长直管，自上而下分别用于测定光滑管和粗糙管的直管阻力。测定局部阻力部分为管路连接中的阀门和各种弯头等。装置的流量使用涡轮流量计（或转子流量计）测量，通过流量计的电信号在控制面板上的仪表显示。管路和管件的阻力采用压差计测量，其通过差压变送器将压差信号传递给压差显示仪表直接读数。

常见的实验装置如图 4-1-1～图 4-1-3 所示。

根据实验装置示意图，也可在装置的主管路中增加局部阻力部件，与待测管串联并同时测量，如可以直接将阀门、弯头（等径或异径弯头）等串联在主管路中形成连续测量装置图，如图 4-1-4 所示。

4. 实验操作要点

(1) 熟悉实验装置系统，尤其是各阀门的作用以及测压系统。

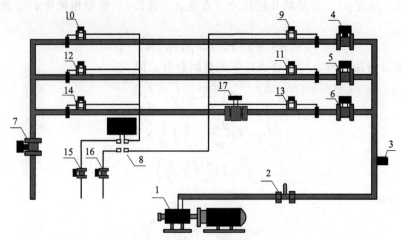

图 4-1-1 常见流体流动阻力测定装置示意图(一)
1—离心泵;2—涡轮流量计;3—测温点;4~6—管路进口阀;7—管路出口阀;
8—差压变送器;9~14—引压阀;15、16—引压室排气阀;17—闸阀

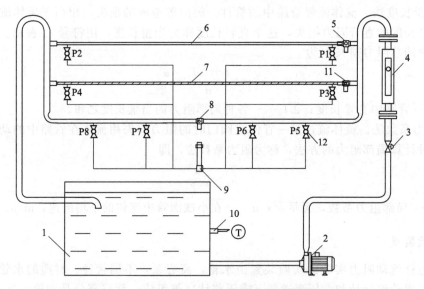

图 4-1-2 常见流体流动阻力测定装置示意图(二)
1—储水槽;2—离心泵;3—流量调节阀;4—流量计;5、11—球阀(导向阀);6—光滑管;
7—粗糙管;8—局部阻力元件(闸阀);9—压力传感器;10—温度计;12—导压阀;
P1、P2—光滑管测压口;P3、P4—粗糙管测压口;P5、P8—远点测压口;P6、P7—近点测压口

(2) 检查各阀门是否处于正确的启、闭状态,关闭离心泵的出口阀,启动泵。

(3) 在测定实验数据前,首先要加大流量,赶走管路系统中的空气;打开测压管的放空阀,排尽测压系统的空气。

(4) 选择待测管路,开启管路切换球阀,同时关闭其余各管路的切换球阀。

(5) 用流量调节阀调节所测管路的流量,待流体流动稳定后,测取流量和压力差数据。在流量变化范围内,直管阻力测取8~10组数据,局部阻力测取3~5组实验数据。

(6) 待数据测量完毕,关闭流量调节阀,关闭水泵,测水温;排尽余水,防锈防冻。

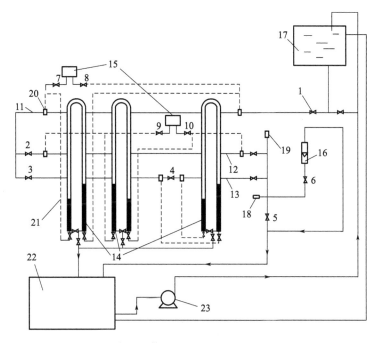

图 4-1-3 常见流体流动阻力测定装置示意图（三）

1—进水阀；2、3、5、7～10—球阀；4—闸阀；6—流量调节阀；11—光滑管；12—粗糙管；
13—不锈钢管；14—倒 U 形管压差计（3 个）；15—1151 差压传感器（2 个）；16—转子流量计；17—高位水槽；
18—Pt100 温度传感器；19—温度计；20—均压环；21—测压导管；22—低位水池或水箱；23—水泵

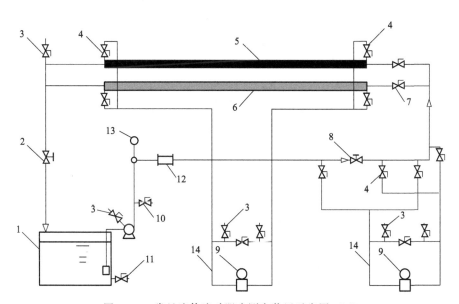

图 4-1-4 常见流体流动阻力测定装置示意图（四）

1—水槽；2—调节阀；3—放气阀；4—引压阀；5—光滑管；6—粗糙管；7—切换阀；8—闸阀；
9—平衡阀；10—引水阀；11—放尽阀；12—流量计；13—温度计；14—压力变送器

5. 注意事项

（1）阀门开启、关闭时，一定要缓慢，切忌用力过猛过大，防止测量仪表因突然受压、减压而受损（如玻璃管断裂、阀门滑丝等）。

（2）启动离心泵之前，以及从光滑管阻力测量过渡到其他测量之前，都必须检查所有流量调节阀是否关闭。

（3）每调节一个流量，必须等管路中水流稳定后才可读数。

6. 数据处理与分析

（1）将实验结果整理列在表格中，并以其中一组数据为例写出计算过程。

（2）在双对数坐标上标绘光滑管和粗糙管的 $\lambda\text{-}Re$ 关系曲线，根据光滑管和粗糙管的 $\lambda\text{-}Re$ 关系曲线，说明粗糙度和雷诺数对摩擦系数的影响；对照教材上 $\lambda\text{-}Re$ 曲线，确定管路的相对粗糙度和绝对粗糙度，并确定相对误差。

（3）根据所标绘的 $\lambda\text{-}Re$ 曲线，求实验条件下层流区的 $\lambda\text{-}Re$ 关系式，并与理论公式进行比较。

（4）根据局部阻力实验结果，求出闸阀全开时的平均局部阻力系数 ζ 值。

（5）对实验结果进行分析讨论。

思考题

1. 以水做介质所测得的 $\lambda\text{-}Re$ 关系能否适用于其他流体？如何应用？
2. 开启阀门要逆时针旋转，关闭阀门要顺时针旋转，为什么工厂操作会形成这种习惯？
3. 在对装置做排气工作时，是否一定要关闭流程尾部的出口阀？为什么？
4. 如何检测管路系统中的空气已经被排除干净？
5. 局部阻力损失的两种表示方法是什么？
6. 实验过程中平衡阀处于开启状态还是关闭状态？为什么？

实验2　离心泵及管路特性曲线测定实验

1. 实验目的

（1）认识化工生产过程中常用泵的种类，了解离心泵的结构与特性，学会离心泵的操作，掌握实验操作原理及使用注意事项。

（2）根据实验实际装置绘制并熟悉装置流程图。

（3）熟悉操作流程，掌握离心泵性能参数及特性曲线的测定方法，测定离心泵在一定转速下的特性曲线。

（4）测定离心泵出口阀门开度一定时的管路特性曲线。

（5）掌握离心泵的串、并联组合操作，测定两泵串联时有效扬程（H）与有效流量（Q）之间的曲线关系。

（6）了解离心泵的工作点和流量调节。

离心泵特性
曲线测定实验

2. 基本原理

（1）离心泵的特性曲线　离心泵是化工生产中输送液体常用的设备，其主要性能参数有

扬程 H、流量 Q、轴功率 N 及效率 η 等。离心泵特性曲线是在恒定转速下，扬程 H、轴功率 N 及效率 η 与流量 Q 之间的关系曲线，它是流体在泵内流动规律的外部表现形式，是选择和使用离心泵的重要依据之一。根据离心泵的特性曲线，可以确定离心泵的最佳工作点，实际生产中根据生产任务所选取的离心泵应尽量让其在最高效率点附近工作。由于泵内部流动情况复杂，不能用数学方法计算这一特性曲线，只能依靠实验测定。

① 流量 Q 的测定。用出口阀调节流量 Q，用涡轮流量计或差压式流量计来测定。

② 扬程 H 的测定。在泵进、出口取截面列伯努利方程，得

$$H = h_0 + \frac{p_2 - p_1}{\rho g} + \frac{u_2^2 - u_1^2}{2g} \tag{4-2-1}$$

式中，p_1、p_2——泵进、出口的压强，Pa；ρ——液体密度，kg/m³；g——重力加速度，m/s²；u_1、u_2——泵进、出口的流速，m/s；h_0——泵出口和进口间的位差，m。

③ 轴功率 N 的测量。离心泵的轴功率是泵轴所需要的功率，也就是电动机传给泵轴的功率。在本实验中不直接测量轴功率，而是采用三相功率表测量电动机的输入功率 $N_{电机}$，用电机功率乘以电机效率 $\eta_{电机}$ 与传动效率 $\eta_{传动}$（可视为1）即可得泵的轴功率。

$$N = N_{电机}\, \eta_{电机}\, \eta_{传动} \tag{4-2-2}$$

④ 转速 n 的测定。泵轴的转速由电磁传感器采集，数值式转速表直接读出，单位：r/min。泵轴的转速在作特性曲线时选恒定转速，一般为 2 900r/min。

⑤ 效率 η 的测定。由于实际工况条件下离心泵中存在各种能量损失，轴功率仅有一部分提供给了液体。泵的效率 η 为泵的有效功率 N_e 与轴功率 N 的比值。有效功率 N_e 是流体单位时间内自泵得到的功，轴功率 N 是单位时间内泵从电机得到的功，两者差异反映了水力损失、容积损失和机械损失的大小。

泵的有效功率 N_e 可用下式计算

$$\eta = \frac{N_e}{N} = \frac{H\rho g Q}{N} \tag{4-2-3}$$

式中，N_e——泵的有效功率，kW；N——轴功率，kW；H——泵的扬程，m；Q——流量，m³/s；ρ——液体密度，kg/m³；g——重力加速度，m/s²。

(2) 管路特性曲线　当离心泵安装在特定的管路系统中工作时，实际的工作压头和流量不仅与离心泵本身的性能有关，还与管路特性有关，即在液体输送过程中，泵和管路二者是相互制约的。

管路特性曲线是指流体流经管路系统的流量与所需压头之间的关系。对于一定开度的阀门和特定的管路系统，管路特性方程中扬程与流量的平方成正比，若将此关系标绘在相应的坐标纸上，得到的 H-Q 曲线称为管路特性曲线。若将泵的特性曲线与管路特性曲线绘在同一坐标图上，两曲线交点即泵在该管路的工作点。如同通过改变阀门开度来改变管路特性曲线，可求出泵的特性曲线。同样，也可通过改变泵转速来改变泵的特性曲线，从而得出管路特性曲线。该过程即离心泵的流量调节及工作点的移动过程。

具体测定时，应固定阀门某一开度不变（此时管路特性曲线一定），改变泵的转速，测出各转速下的流量以及相应的压力表、真空表读数，算出泵的压头 H，从而做出管路特性曲线。

3. 实验装置

常见离心泵特性曲线测定实验装置如图 4-2-1 所示，由离心泵和进出口管路、压力表、

真空表、流量计和流量调节阀等组成测试系统。

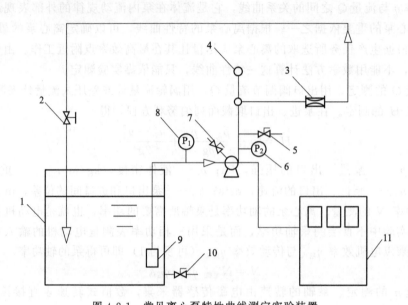

图 4-2-1　常见离心泵特性曲线测定实验装置

1—水槽；2—调节阀；3—流量计；4—温度计；5—引水阀；6—压力表；
7—放气阀；8—真空表；9—止逆底阀；10—放尽阀；11—仪表控制面板

实验材料为自来水，为节约起见，配置水箱循环使用，同时可以保证水箱的水位恒定。为了保证离心泵在启动时灌满水，排除泵壳内的空气，在泵的进口管路末端安装止逆底阀。设计泵性能测定装置时，应考虑以下几点：

① 测定装置应使管路系统的流动阻力尽可能小，避免发生流量上不去，曲线 η-Q 不出现最高点的情况。

② 流量调节阀一般不设置在吸入管路，以免在关小阀门时发生汽蚀现象。流量调节阀也不宜装在离泵很远的出口管路上，否则在调节阀前面管段内积存空气时，会发生泵的喘振。一般流量调节阀宜安装在靠近泵出口的管路上。

③ 离心泵实验过程中的流体流量调节。通常，所选择离心泵的流量和压头可能会和管路中要求的不完全一致，或生产任务发生变化时，需要对离心泵进行流量调节，实质上是改变泵的工作点。由于工作点是由泵及管路特性共同决定的。因此，改变任一条特性曲线均可达到流量调节的目的。工业上，广泛采用出口阀门调节离心泵的流量，实际上是利用阀门的开度改变系统的阻力，从而达到调节流量的目的。从能量利用的角度看，这种方法并不合理。随着变频调速技术的完善，通过改变泵的转速来调节流量的方法在工业领域越来越多地被采用，它在经济上更为合理。

④ 实验数据范围和实验布点。离心泵 η-Q 曲线的变化规律是随流量 Q 的增大，离心泵效率 η 先随之增大，在达到最高点后，继续增大流量 Q，泵的效率 η 反而降低。所以在安排实验时，应特别注意正确确定流量的变化范围和数据点的分布。如果变化范围选择过于窄小，则得不到完整的正确结果，也就有可能看不到高效区。流量一般由零至最大调节，要合理分割流量进行实验布点，由于 η-Q 曲线有最大值出现，所以测试点不能采取均匀分配的方法，最大值附近应多取一些点。

4. 实验操作要点

(1) 熟悉设备、流程及各仪表的操作及数据读取方法。

(2) 开启引水阀向泵内灌水,尽量排出泵中空气,排出空气后,关闭引水阀。

(3) 关闭泵的出口调节阀。

(4) 启动离心泵,打开功率表开关,开启各测试仪表,并将变频器调至某一位置,如 50Hz。

(5) 用泵的出口阀调节流量。流量从最大到零取 12~15 个点,记录各流量及该流量下压力表、真空表、功率表的读数。根据离心泵效率极值点出现在大流量附近区的规律特点,实验布点服从"大流量多布点,小流量少布点"的规则。

(6) 测定管路特性曲线时,先将流量调节阀固定在某一开度,然后调节离心泵电动机频率(调节范围 50~20Hz),改变电动机转速,测取每一频率对应的流量和压力表、真空表、功率表的读数。

(7) 全部数据记录之后,关闭出口调节阀,停泵,关闭总电源。

5. 注意事项

(1) 启动离心泵之前,必须检查所有流量调节阀是否关闭。

(2) 启动离心泵之前,一定要灌泵。

(3) 测取数据时,应在流量为零至最大值之间合理地分布数据点。

6. 数据处理与分析

(1) 将实验数据和计算结果列在数据表(表 4-2-1)中,并以一组数据进行计算举例。

表 4-2-1 离心泵特性曲线测定实验数据记录

装置号:____ 水温:____ ℃

实验次数	流量/(m³/h)	真空表读数/MPa	压力表读数/MPa	转速/(r/min)	电机功率/kW
1	15.76	−0.0391	0.110	2924	1.447
2	14.44	−0.0342	0.133	2931	1.411
3	13.49	−0.0310	0.155	2932	1.369
4	12.44	0.0206	0.169	2932	1.320
...	...	...	...	...	...

(2) 采用相应的数据处理软件(或手工计算)进行数据处理,结果如表 4-2-2 所示。

表 4-2-2 离心泵特性曲线测定实验数据处理结果

实验次数	流量/(m³/h)	扬程 H/m	轴功率 N/kW	效率 η
1	15.76			
2	14.44			
3	13.49			
4	12.44			
...	...	...	...	...

(3) 在合适的坐标系上标绘离心泵的特性曲线,并在图上标出离心泵的各种性能(泵的型号和转速、高效区)。

(4) 在上述坐标系上面作出某一阀门开度下的管路特性曲线(数据填入 4-2-3),并标出工作点。

表 4-2-3 管路特性曲线测定实验数据记录

装置号:____ 水温:____℃

序号	频率/Hz	流量/(L/s)	压力表/kPa	真空表/kPa	功率表/W
1	50				
2	45				
3	40				
…	…	…	…	…	…

(5) 根据实验所得到的三条曲线分析压头、轴功率及效率随流量变化的规律,分析为什么会出现这样的规律?对工业生产有什么指导意义?

(6) 实验所得的三条曲线是否和教材中常规离心泵的特性曲线形状一致?若不一致是如何造成的?

(7) 试分析如果离心泵排出管路阻力过大(如管径较小、弯头过多等),离心泵的特性曲线是否会发生变化?

思考题

1. 启动离心泵前为什么要引水灌泵?若灌泵后泵仍不能正常运行,可能是什么原因?
2. 为什么用泵的出口阀门调节流量?这种方法有什么优缺点?是否还有其他方法?
3. 正常工作的离心泵,在其进口管路上安装阀门是否合理?为什么?
4. 随着泵出口流量调节阀开度的增大,泵入口真空表读数是减少还是增加?泵出口压力表读数是减少还是增加?为什么?
5. 若改用其他液体进行实验,所测得的离心泵特性曲线是否会发生变化?试分析如何变化?
6. 本实验中,为得到较好的实验结果,实验流量范围下限应小到零,上限应尽量大,为什么?
7. 为什么离心泵启动时要关闭出口阀门?

实验3 流体机械能转化实验

1. 实验目的

(1) 观察和测试不同流量下流体流过不同管径和位置时动能、位能、静压能的变化,加深对能量转换概念的理解。

(2) 掌握流体流动时各能量间的相互转换关系,在此基础上理解伯努利方程。

(3) 观察流体在流动过程中的能量损失现象。

2. 基本原理

流体在流动时具有三种机械能：动能、位能、静压能，这三种能量是可以相互转换的。不可压缩的流体在管路中稳定流动时，当管路条件改变时（如位置高低、管径大小），它们便会相互转化，其关系可由流动过程中能量衡算方程来描述，即

$$gz_1 + \frac{u_1^2}{2} + \frac{p_1}{\rho} = gz_2 + \frac{u_2^2}{2} + \frac{p_2}{\rho} + \sum h_{f12} \tag{4-3-1}$$

式中，gz——每千克质量流体具有的位能，J/kg；$u^2/2$——每千克质量流体具有的动能，J/kg；p/ρ——每千克质量流体具有的静压能，J/kg；$\sum h_{f12}$——每千克质量流体在流动过程中的摩擦损失，J/kg。

对实际流体来说，因为存在内摩擦，流动过程中会有一部分机械能因摩擦和碰撞而转化为热能。转化为热能的机械能，在管路中是不能恢复的，对实际流体来说，两个截面上的机械能总和是不相等的，两者的差即为能量损失。

这样动能、位能、静压能三种机械能都可以用液柱高度来表示，分别称为位压头 H_z、动压头 H_w 和静压头 H_p。任意两个截面上，位压头、动压头、静压头三者总和之差即为损失压头 H_f。

3. 实验装置

实验装置如图 4-3-1 所示，主要由试验导管、低位槽、高位槽、测压管（皮托管）等构成。测压管由不同直径、不同高度的管连接而成；在测压管不同位置处选择若干个测量点，每个测量点连接两个垂直测压管，其中一个测压管直接在管壁处连接，其液位高度反映测量点处静压头的大小，为静压头测压管；另一个测压管测口在管中心处正对水流方向，其液位高度为静压头和动压头之和，称为冲压头测压管。测压管液位高度可由装置上刻度尺读出。水由高位槽经测压管回到储水槽，储水槽中的水用泵打到高位槽，保证高位槽始终保持溢流状态。

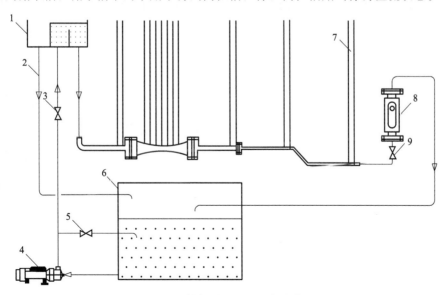

图 4-3-1 伯努利能量转换实验装置

1—高位槽；2—溢流管；3—离心泵出口流量调节阀；4—离心泵；
5—离心泵回流阀；6—储水槽；7—测压管；8—流量计；9—流量调节阀

4. 实验操作要点

（1）非流动体系的机械能分布及其转换　演示时，将泵的出口和试验导管出口的调节阀全关闭，系统内的液体处于静止状态。此时，可观察到：试验导管上的所有的测压管中的水柱高度都是相同的，其液面与溢流管内液面平齐。

（2）流动体系的机械能分布及其转换

① 在储水槽中加入约 3/4 体积的蒸馏水，关闭离心泵出口流量调节阀和回流阀，启动离心泵。

② 将实验管路上的流量调节阀全开，逐步开大离心泵出口调节阀 3 至高位槽溢流管有水溢流，流动稳定后观察并读取此时各测压管的液位高度。实验过程中，保证高位槽一直保持溢流状态。

③ 逐渐关小调节阀改变流量，观察同一测压点及不同测压点各测压管液位的变化。

④ 关闭离心泵出口流量调节阀和回流阀后，关闭离心泵，实验结束。

5. 注意事项

（1）不要将离心泵出口阀开得过大，以避免水从高位槽冲出和导致高位槽液面不稳定。

（2）流量调节阀须缓慢地关小，以免造成流量突然下降使测压管中的水溢出。

（3）必须排除实验导管内的气泡。

实验 4　边界层分离实验

1. 实验目的

观察流体流经固体壁面所产生的边界层及边界层分离的现象，增强对流体流动特性的感性认识。

2. 基本原理

实际流体沿着壁面流动，由于内部黏性作用，会在壁面处形成边界层。在实际工程中，物体的边界往往是曲面（流线型或非流线型物体）。当流体绕流物体时，一般会出现下列现象：物体表面上的边界层在某个位置开始脱离表面，并在物体表面附近出现与主流方向相反的回流，流体力学中称这种现象为边界层分离现象。

边界层分离原理

边界层分离时，在分离点（即驻点）后形成大大小小的旋涡，旋涡不断地被主流带走，在物体后面产生一个尾涡区。尾涡区内的旋涡不断地消耗有用的机械能，使该区的压强降低，即小于物体前和尾涡区外面的压强，从而在物体前后产生了压强差，形成了压差阻力。压差阻力的大小与物体的形状有很大关系，所以又称为形体阻力。

流体流经管件、阀门、管子进出口等局部的地方，由于流向的改变和流道的突然改变，都会出现边界层分离现象。工程上，为减小边界层分离造成的流体能量损失，常常将物体做成流线型。

3. 实验装置

实验装置如图 4-4-1 所示。离心泵将储水槽中的水送入演示仪中，再通过演示仪溢流回水管返回储水槽。在每个演示仪中，水由狭缝式流道流过，并通过在水流中掺入气泡的方法，演示出不同边界条件下的多种水流现象，并显示相应的流线。装置中每个演示仪均可组成独立的单元使用，也可以同时使用。为便于观察，每个演示仪为有机玻璃制成。

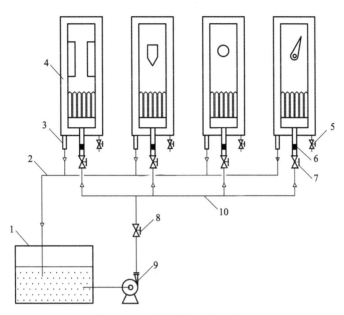

图 4-4-1　边界层演示实验装置

1—储水槽；2—回流管；3—溢流回水管；4—演示仪；5—排污阀；
6—进气旋阀；7—进水阀；8—出水阀；9—离心泵；10—进水总管

几种流动演示仪说明（可根据需要设计其他形式的演示仪）如下。

Ⅰ型：显示管道突然扩大和突然收缩时的流动状况，观察旋涡区出现的位置、边界层分离点、流速变化情况等。

Ⅱ型：显示桥墩的流线，观察旋涡产生区，尾流区流动状况。

Ⅲ型：演示圆柱绕流的流线，观察流体在驻点的停止现象、边界层分离现象及卡门涡街现象。

Ⅳ型：演示机翼绕流的流线，观察水流绕过机翼时的流动情况。

4. 实验操作要点

为了达到更好的实验效果可同时给水添加颜料；实验中注意调节进气网的进气量，使气泡大小适中，流动演示得更清晰。

(1) 检查线路，确定电路安全，水泵正常。

(2) 开启水泵，调节出水阀 8 的开度使出水流量在适当的流量。

(3) 打开欲进行演示的进水阀 7，控制流量。

(4) 缓缓打开进气旋阀 6 调节气泡量，使演示仪能够清楚地观察到流线。

(5) 为比较流体流过不同绕流体的流动情况，可同时选择几个流动演示仪进行实验。

(6) 实验结束，关闭进气阀、各分支调节阀、总控制阀，最后关闭离心泵。

实验5　雷诺实验

1. 实验目的

(1) 了解管内流体质点的运动方式，认识不同流动型态的特点。
(2) 观察流体在管内流动的两种不同流型，测定临界雷诺数。
(3) 观察流体层流流动的速度分布。

2. 基本原理

流体流动有两种不同型态，即层流（滞流）和湍流（紊流）。流体的流动型态取决于流体的流动速度 u、流体黏度 μ、流体密度 ρ 及流体流经的管道直径 d。若流体在圆管内流动，可用雷诺数[式(4-5-1)]判断流体的流型。

流体作层流流动时，其流体质点作直线运动，且互相平行；湍流时质点紊乱地向各个方向作不规则的运动，但流体的主体向某一方向流动。

$$Re = \frac{du\rho}{\mu} \tag{4-5-1}$$

对于一定温度的流体，在特定的圆管内流动，雷诺数仅与流体流速有关，本实验通过改变流体在管内的速度，观察在不同雷诺数下流体流型的变化。一般认为 $Re \leqslant 2000$ 时，流动为层流；$Re \geqslant 4000$ 时，流动为湍流；$2000 < Re < 4000$ 时，流动为过渡流，即有时为层流，有时为湍流，流动型态不稳定。

3. 实验装置

实验装置如图 4-5-1 所示。示踪剂采用红色墨水，它由红色墨水瓶经连接软管和玻璃注射管的细孔喷嘴，注入试验导管。细孔玻璃注射管（或注射针头）位于试验导管入口的轴线部位。

实验前应仔细调整示踪剂注入管的位置，使其处于实验管道的中心线上。向墨水瓶中加入适量稀释过的红墨水，作为示踪剂。关闭流量调节阀，打开进水阀，使水充满水箱并有一定的溢流，以保证水箱内的液位恒定。设法排尽系统中的气泡，使红墨水全部充满细管道中。

4. 实验操作要点

调节进水阀，维持尽可能小的溢流量。

(1) 层流流动型态　实验时，先少许开启调节阀，将流速调至所需要的值。缓慢且适量地打开红墨水储瓶的调节阀，使红墨水的注入流速与试验导管中主体流体的流速相适应，一般以略低于主体流体的流速为宜。待流动稳定后，记录主体流体的流量。此时，在试验导管的轴线上，就可观察到一条平直的红色细流，好像一根拉直的红线一样。

(2) 湍流流动型态　实验时，缓慢地加大调节阀的开度，使流量平稳地增大。玻璃导管内的流速也随之平稳地增大。同时，保持稳压溢流水槽内仍有一定溢流量，以确保试验导管

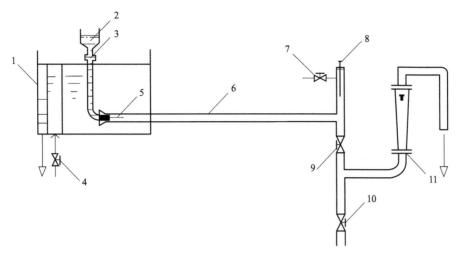

图 4-5-1 雷诺实验装置示意图

1—水箱；2—墨水瓶；3—乳胶管；4—进水阀；5—针头；6—水平玻璃管；
7—放气阀；8—温度计；9—流量调节阀；10—放水阀；11—流量计

内的流体始终为稳定流动。可观察到：玻璃导管轴线上呈直线流动的红色细流开始发生波动（此时应该仍属于层流流动）。随着流速的增大，红色细流的波动程度也随之增大，最后断裂成一段段的红色细流。当流速继续增大时，红墨水进入试验导管后立即呈烟雾状分散在整个导管内，进而迅速与主体水流混为一体，使整个管内流体染为红色，以致无法辨别红墨水的流线。

4.2 颗粒流体力学与机械分离综合实验

实验 6　恒压过滤常数测定实验

1. 实验目的

（1）熟悉加压过滤及减压（真空）过滤实验装置的结构、基本原理和操作方法。

（2）掌握恒压过滤常数 K、q_e、θ_e 的测定方法，加深对其概念和影响因素的理解。

（3）掌握滤饼的压缩性指数 s 和物料特性参数 k 的测定方法。

恒压过滤常数
测定实验

2. 基本原理

过滤是在外力（重力或压力差等）的作用下，使悬浮液中的液体通过某种多孔性过滤介质的孔道而固体颗粒被截流下来，从而实现固液分离的一种单元操作，在化工、轻工、食品、制药等许多生产领域应用非常广泛。在过滤过程中，由于固体颗粒不断地被截留在介质表面，滤饼厚度增加，使滤阻力增加。因此，在恒压过滤操作中，其过滤速度不断降低。

过滤的架桥现象

过滤速度 u 定义为单位时间内单位面积过滤介质的滤液量。影响过滤

过滤原理及板框压滤机的过滤和清洗

速度的主要因素除压强差 Δp，滤饼厚度 L 外，还有滤饼和悬浮液的性质、悬浮液温度、过滤介质的阻力等，故难以用流体力学的方法处理。但是，可利用流体通过固定床压降的简化模型，寻求滤液量与时间的关系，运用层流时哈根-泊谡叶公式不难推导出过滤速度计算式。

$$u = \frac{1}{K'} \frac{\varepsilon}{a^2(1-\varepsilon)^2} \frac{\Delta p}{\mu L} \quad (4\text{-}6\text{-}1)$$

式中，u——过滤速度，m/s；K'——比例常数，又称康采尼常数，层流时，$K'=5.0$；ε——床层的空隙率，m²/m³；a——颗粒的比表面积，m²/m³；Δp——过滤的压强差，Pa；μ——滤液黏度，Pa·s；L——床层厚度，m。

由此可导出过滤基本方程式，即

$$\frac{dV}{d\theta} = \frac{A^2 \Delta p^{1-s}}{\mu r' v (V+V_e)} \quad (4\text{-}6\text{-}2)$$

式中，V——滤液体积，m³；θ——过滤时间，s；s——滤饼压缩性指数，无量纲，一般情况下 $s=0 \sim 1$，对不可压缩滤饼 $s=0$；A——过滤面积，m²；r'——单位压差下的比阻，1/m²，$r = r'\Delta p^s$；r——滤饼比阻，1/m²，$r = \frac{5.0a^2(1-\varepsilon)^2}{\varepsilon^3}$；$v$——滤饼体积与相应滤液体积之比，无量纲；$V_e$——虚拟滤液体积，m³。

恒压过滤时，过滤常数 K 与物料性质及过滤压力差的关系为

$$K = 2k\Delta p^{1-s} \quad (4\text{-}6\text{-}3)$$

$$k = \frac{1}{\mu r' v} \quad (4\text{-}6\text{-}4)$$

同时，令 $q=V/A$，$q_e=V_e/A$，对式（4-6-2）积分可得

$$(q+q_e)^2 = K(\theta+\theta_e) \quad (4\text{-}6\text{-}5)$$

式中，q——单位过滤面积所获得的滤液体积，m³/m²；q_e——单位过滤面积所获得的虚拟滤液体积，m³/m²；θ——过滤时间，s；θ_e——虚拟过滤时间，s；K——过滤常数，由物料特性及过滤压差所决定，m²/s。

(1) 过滤常数 K、q_e 及 θ_e 的测定方法　将式（4-6-5）微分并整理可得式（4-6-6）

$$\frac{d\theta}{dq} = \frac{2}{K}q + \frac{2}{K}q_e \quad (4\text{-}6\text{-}6)$$

从式（4-6-6）可知，以 $\frac{d\theta}{dq}$ 为纵坐标，以 q 为横坐标作图可得一条直线，直线斜率为 $2/K$，截距为 $2q_e/K$。在实验测定中，为便于计算，可用 $\frac{\Delta\theta}{\Delta q}$ 代替 $\frac{d\theta}{dq}$，从而可得式（4-6-7）。

$$\frac{\Delta\theta}{\Delta q} = \frac{2}{K}q + \frac{2}{K}q_e \quad (4\text{-}6\text{-}7)$$

在恒压条件下，测量一定时间对应的滤液体积，从而计算出一系列 $\Delta\theta$、Δq 和 q，并在直角坐标系中绘制 $\frac{\Delta\theta}{\Delta q}$-$q$ 的函数关系，得一直线。由其斜率和截距便可求出 K 和 q_e，再根据 $\theta_e = q_e^2/K$，求出 θ_e。

(2) 压缩性指数 s 及物料特性常数 k 的测定　滤饼的压缩性指数 s 以及物料特性常数 k

的确定需要测定不同压力差下的过滤常数 K，然后对 K-Δp 数据加以处理，即可求得 s 和 k。改变实验所用的过滤压差 Δp，可测得不同的 K 值，由式（4-6-3）两边取对数得

$$\lg K = (1-s)\lg \Delta p + \lg 2k \tag{4-6-8}$$

在实验压力差范围内，若 k 为常数，则 $\lg K \sim \lg \Delta p$ 的关系在直角坐标上应是一条直线，直线的斜率为 $(1-s)$，可得滤饼压缩性指数 s，由截距可得物料特性常数 k。

3. 实验装置

（1）板框式过滤实验装置　板框式过滤实验装置如图 4-6-1 所示，主要由滤浆槽、齿轮泵、计量桶、板框压滤机和压力表等组成。在滤浆槽内配置一定浓度的碳酸钙悬浮液，用电动搅拌器搅拌均匀（料液不出现旋涡为宜）。利用齿轮泵将料液通过管路泵入板框压滤机进行过滤，滤液流入计量桶内称重。过滤完毕，将滤液、滤饼重新返回配料槽，保证料液浓度不变。进入计量桶的滤液管口应贴桶壁，否则液面波动影响读数。

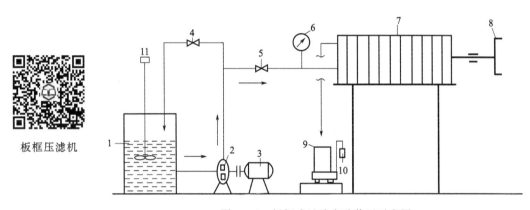

图 4-6-1　板框式过滤实验装置示意图
1—滤浆槽；2—齿轮泵；3—电动机；4—回流阀；5—进料阀；6—压力表；
7—板框压滤机；8—压紧螺旋；9—计量筒；10—磅秤；11—电动搅拌器

（2）真空吸滤实验装置　真空吸滤实验装置如图 4-6-2 所示，主要由真空泵、原料槽、真空吸滤器、真空表、滤液计量桶等组成。原料槽内放有已配制具有一定浓度的碳酸钙悬浮液。用电动搅拌器进行搅拌使料液浓度均匀（料液不出现旋涡为宜），利用真空泵使系统产生真空进行吸滤，并在真空吸滤器上形成滤饼。滤液通过管路送入滤液计量桶内计量。过滤完毕，将滤液滤饼重新返回原料槽，保证料液浓度保持不变。进入滤液计量桶的滤液管口应贴桶壁，否则液面波动影响读数。

4. 实验操作要点

（1）恒压过滤常数测定实验步骤
① 熟悉实验装置流程。
② 仪表上电：打开总电源空气开关，打开仪表电源开关。
③ 启动电动搅拌器，将滤浆槽内料液搅拌均匀。
④ 组装板框过滤机时，一定要注意滤板和滤框的排列顺序即：过滤板—框—洗涤板—框—过滤板……用压紧装置将板和框压紧。注意，滤布使用前要用水浸湿。

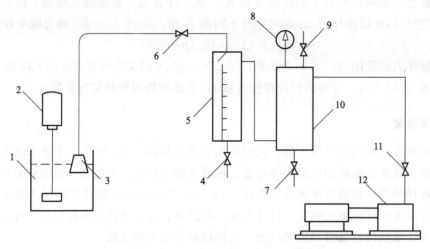

图 4-6-2 真空吸滤实验装置示意图
1—原料槽；2—电动搅拌器；3—真空吸滤器；4、7—放液阀；5—滤液计量桶；
6—调节阀；8—真空表；9—进气阀；10—缓冲罐；11—开关阀；12—真空泵

⑤ 将计量桶内外清洗干净，并倒入一定量的清水，使磅秤有读数，并记录该数据，以便确定测量基准。

⑥ 关闭进料阀、洗涤水阀，全开物料回流阀，启动齿轮泵，循环物料使其均匀。

⑦ 循环一定时间（如 5min）后，打开进料阀（注意不要开得太大），以回流阀和进料阀配合调节过滤压力（注意：某些设备可直接采用压力调节阀进行压力调节），至压力为某一稳定值（如 0.03 MPa）。

⑧ 实验应在滤液刚从汇集管流出的时刻作为开始时刻，每次时间间隔相同，记录相应的滤液体积（或每次滤液体积相同，记录相应的过滤时间），实验中注意保持压力稳定。测量 8～10 组数据即可停止实验，全开回流阀，使压力表指示值下降，关闭过滤机进料阀，打开过滤机排气阀泄压，然后卸下滤饼，回收滤饼，清除滤布、滤框及滤板。

⑨ 重新调节压力至某一稳定值，重复上述操作。

⑩ 实验完毕后，要拆卸过滤器，清洗滤布、滤框、滤板等。关闭仪表电源及总电源开关，一切复原。

（2）真空吸滤实验操作

① 熟悉实验装置流程；启动电动搅拌器，将原料槽内料液搅拌均匀。正确安装吸滤器（滤布或布氏漏斗），放入原料槽中，注意料液要浸没吸滤器。

② 打开进气阀 9，关闭吸滤器的调节阀 6，开启真空泵。

③ 待真空泵运转平稳后，打开调节阀 6，以进气阀 9 调节操作真空度，先使吸滤在较小的真空度下操作。

④ 过滤至一定体积，真空吸滤器上形成一层薄薄的滤饼后（此滤液体积应进行预实验测定，保证滤布上形成一层薄的滤饼，以便真正过滤时滤液不变浑浊），迅速调节进气阀 9 使真空表读数恒定于预定值，同时用秒表开始计时，记录一系列的过滤时间及对应的滤液量，记录 8～10 组数据，即可停止实验。实验过程中，注意保持操作真空度恒定。

⑤ 关闭调节阀6，将进气阀9全部打开，待真空表读数降到零时，停真空泵。

⑥ 打开调节阀6，利用系统内大气压力把吸附在吸滤器上的滤饼卸到槽内。放出计量桶内滤液并倒回原料槽内。卸下吸滤器清洗待用。

⑦ 改变操作真空度，重复上述实验。

⑧ 实验结束后，切断真空泵、电动搅拌器电源，清洗真空吸滤器并使设备复原。

5. 注意事项

（1）板框过滤实验

① 安装滤板、滤框并用丝杆压紧时，应先慢慢转动手轮使板框合上，然后再压紧。

② 要注意滤板、滤框的安装方向及顺序。

③ 操作压力不易过大，否则容易损坏设备。

（2）真空吸滤实验

① 放置过滤器时，确保其浸没在料液中且要垂直放置，防止气体吸入，破坏物料连续进入系统和避免在器内形成滤饼厚度不均匀的现象。

② 开关玻璃旋塞时，一定要缓慢开启，不要用力过猛，切忌向外拔出，以免损坏。

③ 每次实验后应该把吸滤器清洗干净。

6. 数据处理与分析

（1）作出不同压力差下的 $\frac{\Delta\theta}{\Delta q}$ 对 q 关系图，求出 K、q_e、θ_e。

（2）在直角坐标上标绘 $\lg K$-$\lg \Delta p$ 的关系或在双对数坐标纸上标绘 K-Δp 关系，求出滤饼的压缩性指数 s 和物料特性常数 k。

（3）比较不同压力差下的 K、q_e、θ_e 值，讨论压力差变化对上述参数值的影响。

（4）写出完整的过滤方程式，弄清其中各参数的符号和意义。

思考题

1. 板框式过滤机的优缺点分别是什么？过滤操作分哪几个阶段？
2. 使用碳酸钙滤液过滤时，为什么过滤开始时，滤液常常有点浑浊，而过段时间后才变清？
3. 当操作压强增加一倍，其 K 值是否也增加一倍？要得到同样的过滤液，其过滤时间是否缩短了一半？
4. 恒压条件下过滤，过滤速度随时间如何变化？
5. 加压过滤和真空吸滤两种操作方式所得到的滤饼压缩性指数 s 和物料特性参数 k 是否相同？为什么？
6. 影响过滤速度的主要因素有哪些？恒压过滤时，可采用哪些措施增加过滤速度？
7. 滤浆浓度、温度和操作压强对过滤常数 K 值有何影响？
8. 从工程角度分析，加压过滤和真空吸滤各有什么优缺点？

实验 7　旋风分离实验

1. 实验目的

（1）演示含尘气体通过旋风分离器时，含尘气体、固体尘粒和气体的运动路线，给学生以直观生动的印象，引导学生从理论上对其进行解释，以达到正确理解和描述旋风分离器的工作原理的目的。

（2）定性观察旋风分离器内静压强分布，认清出灰管和集尘室良好密封的必要性。

（3）测定进口气速对旋风分离器分离效果的影响，引导学生思考适宜操作气速的计算方法。

2. 基本原理

旋风分离器是利用惯性离心力的作用从气流中分离出固体尘粒的设备。图 4-7-1 为具有代表性的标准旋风分离器的结构。分离器上部为圆筒体，下部为圆锥形，各部位比例与圆筒直径成一定比例。含尘气体由圆筒上部的进气管切向进入，受器壁的约束由上向下作螺旋运动。在惯性离心力的作用下，颗粒被抛向器壁，再沿壁面落至锥底的出灰口而与气流分离。旋风分离器底部是封闭的，因此气流到达底部后反转方向，在中心轴附近由下而上作螺旋运动，净化后的气体最后由顶部排气管排出。

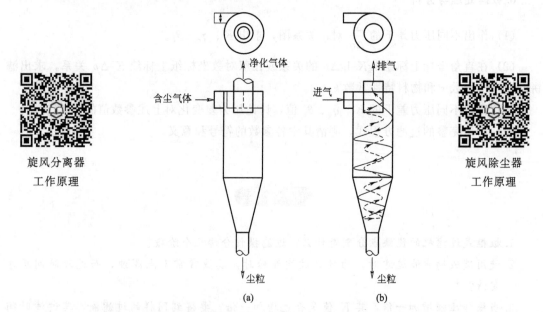

图 4-7-1　标准旋风分离器（a）和气体在旋风分离器内运动情况（b）

3. 实验装置

实验装置如图 4-7-2 所示。

4. 实验操作要点

（1）开启旋涡气泵。

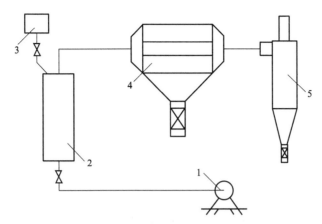

图 4-7-2　离心机流化床降尘室旋风分离流程
1—旋涡气泵；2—流化床；3—加料漏斗；4—降尘室；5—旋风分离器

（2）调节气量，使气量较小。
（3）打开加料漏斗，使细小固体颗粒（洗衣粉等）缓缓加入。
（4）关闭加料漏斗。
（5）调大气体流量，使得固体颗粒呈现流化状态。
（6）继续调大气体流量，使得固体细小颗粒进入降尘室。
（7）继续调大气体流量，使得细小颗粒灰尘进入旋风分离器。
（8）停止旋涡气泵。
（9）收集各级产品。

实验 8　固体流态化实验

1. 实验目的

（1）观察聚式和散式流化现象。
（2）掌握流体通过颗粒床层流动特性的测量方法。
（3）测定床层的堆积密度和空隙率。
（4）测定流化曲线（Δp-u 曲线）和临界流化速度 u_{mf}。

2. 基本原理

（1）固体流态化过程的基本概念　将大量固体颗粒悬浮于运动的流体之中，从而使颗粒具有类似于流体的某些表观性质，这种流固接触状态称为固体流态化。而当流体通过颗粒床层时，随着流体速度的增加，床层中颗粒由静止不动趋向于松动，床层体积膨胀，流速继续增大至某一数值后，床层内固体颗粒上下翻滚，此状态的床层称为"流化床"。

床层高度 L、床层压降 Δp 对流化床表观流速 u 的变化关系如图 4-8-1(a)、(b) 所示。图中 b 点是固定床与流化床的分界点，也称临界点。这时的表观流速称为临界流速或最小流化速度，以 u_{mf} 表示。

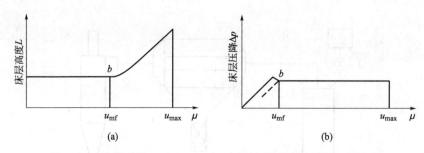

图 4-8-1　流化床的 L（a）、Δp（b）与流化床表观速度 u 的关系

对于气固系统，气体和粒子密度相差大或粒子大时气体流动速度必然比较高，在这种情况下流态化是不平稳的，流体通过床层时主要是呈大气泡形态，由于这些气泡上升和破裂，床层界面波动不定，更看不到清晰的上界面，这种气固系统的流态化称为"聚式流态化"。

对于液固系统，液体和粒子密度相差不大或粒子小、液体流动速度低的情况下，各粒子的运动以相对比较一致的路程通过床层面形成比较平稳的流动，且有相当稳定的上界面，由于固体颗粒均匀地分散在液体中，通常称这种流化状态为"散式流态化"。

（2）床层的静态特征　床层的静态特征是研究动态特征和规律的基础，其主要特征（如密度和床层空隙率）的定义和测法如下。

① 堆积密度和静床密度 $\rho_b = m/V$（气固体系）可由床层中的颗粒质量和体积算出，它与床层的堆积松紧程度有关，要求测算出最松和最紧两种极限状况下的数值。

② 静床空隙率 $\varepsilon = 1 - (\rho_b/\rho_s)$，$\rho_s$ 为颗粒密度。

（3）床层的动态特征和规律

① 固定床阶段。床高基本保持不变，但接近临界点时有所膨胀。床层压降可用欧根（Ergun）公式 [式(4-8-1)] 计算。

$$\frac{\Delta p}{L} = K_1 \frac{(1-\varepsilon)^2}{\varepsilon^3} \frac{\mu u}{(\varphi_s d_p)^2} + K_2 \frac{(1-\varepsilon)}{\varepsilon^3} \frac{\rho u^2}{\varphi_s d_p} \tag{4-8-1}$$

式中，d_p——颗粒平均直径；φ_s——颗粒球形度；μ——流体黏度，N·s/m²。

式中，右边第一项为黏性阻力；第二项为空隙收缩放大而导致的局部阻力。欧根采用的系数 $K_1 = 150$，$K_2 = 1.75$。

数据处理时，要求根据所测数据确定 K_1、K_2 值并与欧根系数比较，将欧根公式改成式(4-8-2)。

$$\frac{\Delta p}{uL} = K_1 \frac{(1-\varepsilon)^2}{\varepsilon^3} \frac{\mu}{(\varphi_s d_p)^2} + K_2 \frac{(1-\varepsilon)}{\varepsilon^3} \frac{\rho u}{\varphi_s d_p} \tag{4-8-2}$$

以 u、$\dfrac{\Delta p}{uL}$ 分别为横、纵坐标作图，从而求得 K_1、K_2。

② 流化床阶段。流化床阶段的压降可由式(4-8-3) 计算。

$$\Delta p = L(1-\varepsilon)(\rho_s - \rho)g = \frac{W}{A} \tag{4-8-3}$$

式中，W——粒重。

数据处理时要求将计算值绘在曲线图上对比讨论。

（4）临界流化速度 u_{mf}

u_{mf} 可通过实验测定，目前有许多计算 u_{mf} 的经验公式。当颗粒雷诺数 $Re_p < 5$ 时，可

用李伐公式 [式(4-8-4)] 计算。

$$u_{mf} = 0.00923 \frac{d_p^{1.82}[\rho(\rho_s - \rho)]^{0.94}}{\mu^{0.88}\rho} \tag{4-8-4}$$

3. 实验装置

该实验设备是由水、气两个系统组成，其流程如图 4-8-2 所示。两个系统有一个透明二维床。床底部的分布板是由玻璃（或铜）颗粒烧结而成的，床层内的固体颗粒是石英砂（或玻璃球）。

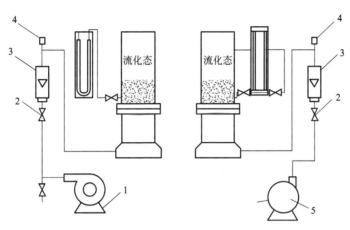

图 4-8-2　固体流态化装置流程

1—风机；2—流量调节阀；3—转子流量计；4—温度计；5—泵

用空气系统做实验时，空气由风机供给，经过流量调节阀、转子流量计（或孔板流量计），再经气体分布器进入分布板，空气流经二维床中颗粒石英砂（或玻璃球）后从床层顶部排出。通过调节空气流量，可以进行不同流动状态下的实验测定。设备中装有压差计指示床层压降，标尺用于测量床层高度的变化。

用水系统作实验时，用泵输送的水经水调节阀、转子流量计，再经液体分布器送至分布板，水经二维床层后从床层上部溢流至下水槽。

固体流态化装置的颗粒特性及设备参数列于表 4-8-1 中。

表 4-8-1　固体流态化装置的颗粒特性及设备参数

截面积 A/(mm×mm)	粒径/mm	粒重 W/g	球形度 φ_s	颗粒密度 ρ_s/(kg/m³)
188×30	0.70	1000	1.0	2490

4. 实验操作要点

（1）熟悉实验装置流程。
（2）检查装置中各个开关及仪表是否处于备用状态。
（3）用木棒轻敲床层，测定静床高度。
（4）由小到大改变气（或液）量（注意：不要把床层内固体颗粒带出），记录各压差计及流量计读数，注意观察床层高度变化及临界流化状态时的现象，在直角坐标纸上做出 Δp 与 u 曲线。

(5) 利用固定床阶段实验数据,求取欧根系数,并进行讨论分析。

(6) 求取实测的临界变化速度 u_{mf},并与理论值进行比较。对实验中观察到的现象,运用气(液)体与颗粒运动的规律加以解释。

5. 数据处理与分析

实验原始数据记录及数据处理结果见表 4-8-2、表 4-8-3。

表 4-8-2 固体流态化实验数据记录

专业年级: 记录人姓名: 学号: 实验时间:
同组人姓名:
实验装置号: 实验温度: 静床高度: 起始流化高度:

序号	流量/(m³/h)	上行压差/mmH₂O	下行压差/mmH₂O
1			
2			
3			
⋮			

注:1mmH₂O=9.806Pa。

表 4-8-3 固体流态化实验数据处理结果

序号	流量/(m³/h)	上行压差/Pa	下行压差/Pa
1			
2			
3			
⋮			

将 Δp、u 在合适的坐标系中作图,并计算得到相应的 K_1、K_2 和 u_{mf}。

思考题

1. 从观察到的现象,判断属于何种流化?
2. 实际流化时,Δp 为什么会波动?
3. 由小到大与由大到小改变流量测定的流化曲线是否重合,为什么?
4. 流体分布板的作用是什么?

4.3 传热综合实验

实验 9 套管式换热器的操作及对流给热系数测定实验

1. 实验目的

(1) 观察水蒸气在换热管外壁上的冷凝现象,并判断冷凝类型。

(2) 测定空气（或水）在圆直管内强制对流传热系数 α_i。

(3) 应用线性回归分析方法，确定关联式 $Nu = ARe^m Pr^{0.4}$ 中常数 A、m 的值。

(4) 掌握热电阻测温的方法，并注意实际实验过程中的使用注意事项。

(5) 掌握传热过程的计算，传热速率方程式、传热量、平均温差、总传热系数的计算，了解影响传热系数的因素和强化传热途径。

套管式换热器的操作及对流给热系数测定验

2. 基本原理

传热是因存在温差而发生的热能的转移。传热是一种复杂现象。从本质上来说，只要一个介质内或者两个介质之间存在温度差，就一定会发生传热。我们把不同类型的传热过程称为传热模式。物体的传热过程分为三种基本传热模式，即：热传导、热对流和热辐射。

热传导，指物质在无相对位移的情况下，物体内部具有不同温度或者不同温度的物体直接接触时所发生热传导的热能传递现象。固体中的热传导是源于晶格振动形式的原子活动。非导体中，能量传输只依靠晶格波（声子）进行；在导体中，除了晶格波外还有自由电子的平移运动。对流传热，又称热对流，是指由于流体的宏观运动而引起的流体各部分之间发生相对位移，冷热流体相互掺混所引起的热量传递过程。对流传热可分为强制对流和自然对流。强制对流，是由于外界作用推动下产生的流体循环流动。自然对流是由于温度不同密度梯度变化，重力作用引起低温高密度流体自上而下流动，高温低密度流体自下而上流动。热辐射，是一种物体用电磁辐射的形式把热能向外散发的传热方式。它不依赖任何外界条件而进行，是在真空中最为有效的传热方式。不管物质处在何种状态（固态、气态、液态或者玻璃态），只要物质有温度（所有物质都有温度），就会以电磁波（光子）的形式向外辐射能量。这种能量的发射是由于组成物质的原子或分子中电子排列位置的改变所造成的。

化工生产过程均伴有传热操作，传热的目的主要有：①加热或冷却物料，使之达到指定的温度；②换热，以回收利用热量或冷量；③保温，以减少热量或冷量的损失。

生产上最常遇到的是冷、热两种流体之间的热量交换。例如，参与化学反应的流体状物料往往需预热至一定温度，为此，可用某种热流体在传热设备内进行加热。在另一些情况下，为将反应后的高温流体加以冷却，可用某种冷流体与之换热以移去热量。若上述加热和冷却同属一个生产过程，则可采用图 4-9-1 所示的传热流程以同时达到加热和冷却的目的。

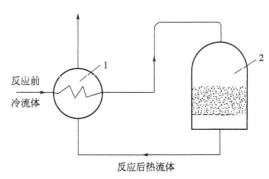

图 4-9-1 典型的传热流程
1—换热器；2—反应器

通常，传热设备在化工厂设备投资中占很大比例，有些可达 40%，所以传热是化工生产中重要的单元操作之一。同时，热能的合理利用对降低产品成本和保护环境有重要意义。

根据冷、热流体的接触情况，工业上的传热过程可分为三种基本方式，每种传热方式所用传热设备的结构也完全不同。

(1) 直接接触式传热　对某些传热过程，例如热气体的直接水冷及热水的直接空气冷却等，可使冷、热流体直接接触进行传热。这种接触方式，传热面积大。典型的直接接触式传热设备是由塔型的外壳及若干促使冷、热流体密切接触的内件（如填料等）组成。由于冷、热流体直接接触，这种传热过程必伴有传质同时发生。因此，直接接触式传热在原理上与单纯传热过程有所不同。

(2) 间壁式传热　在多数情况下，工艺上不允许冷、热流体直接接触，故直接接触式传热过程在工业上并不很多。工业上应用最多的是间壁式传热过程。间壁式换热器类型很多，其中最简单而又最典型的结构是套管式换热器。在套管式换热器中，冷、热流体分别通过环隙和内管，热量自热流体传给冷流体。这种热量传递过程包括：热流体给热于管壁内侧；热量自管壁内侧传导至管壁外侧；管壁外侧给热于冷流体三个步骤。在冷、热流体之间进行的热量传递总过程通常称为传热（或换热）过程，而将与壁面之间的热量传递过程称为给热过程，以示区别。

(3) 蓄热式传热　这种传热方式是首先使热流体流过蓄热器中固体壁面，用热流体将固体填充物加热；然后停止热流体供应，使冷流体流过固体表面，用固体填充物所积蓄的热量加热冷流体。如此周而复始，冷、热流体交替流过壁面，达到冷、热流体之间传热的目的。蓄热式换热器又称蓄热器，是由热容量较大的蓄热室构成，室内可填充耐火砖等各种填料。

通常，这种传热方式只适用于气体介质，对于液体会有一层液膜黏附在固体表面上，从而造成冷、热流体之间的少量掺混。实际上，即使是气体介质，这种微量掺混不可能完全避免；如果这种微量掺混也是不允许的话，便不能采用这种传热方式。

实际传热过程一般都不是单一的传热方式，如生活中以煮开水过程为例，火焰对炉壁的传热，就是辐射、对流和传导的综合，而不同的传热方式则遵循不同的传热规律。为了分析方便，人们在传热研究中把三种传热方式分解开来，然后再加以综合。

工业生产中大量遇到的是流体在流过固体表面时与该表面所发生的热量交换。这一过程包含了流体流动载热和热传导的综合结果，在化工原理中称为对流给热。

(1) 对流传热工艺原理　对流传热系数 α_i 可以根据牛顿冷却定律，用实验来测定。因为 $\alpha_i \ll \alpha_o$（α_o 为管外流体对流传热系数），所以传热管内的对流传热系数 $\alpha_i \approx$ 热冷流体间的总传热系数 $K = Q_i/(\Delta t_m \times S_i)$。

$$\alpha_i / [\text{W}/(\text{m}^2 \cdot \text{℃})] \approx \frac{Q_i}{\Delta t_m S_i} \qquad (4\text{-}9\text{-}1)$$

式中，α_i——管内流体对流传热系数，W/(m²·℃)；Q_i——单位时间内的管内传热量，W；S_i——管内换热面积，m²；Δt_{mi}——对数平均温差，℃。

对数平均温差由下式确定

$$\Delta t_{mi} = \frac{(t_w - t_{i1}) - (t_w - t_{i2})}{\ln \frac{(t_w - t_{i1})}{(t_w - t_{i2})}} \qquad (4\text{-}9\text{-}2)$$

式中，t_{i1}、t_{i2}——冷流体的入口、出口温度，℃；t_w——壁面平均温度，℃。

因为换热器内管为紫铜管，其导热系数很大，且管壁很薄，故认为内壁温度、外壁温度和壁面平均温度近似相等，用 t_w 来表示，由于管外使用蒸汽，因此近似等于热流体的平均温度。

管内换热面积

$$S_i = \pi d_i L_i \qquad (4\text{-}9\text{-}3)$$

式中，d_i——内管管内径，m；L_i——传热管测量段的实际长度，m。

由热量衡算式

$$Q_i = W_i c_{pi}(t_{i2} - t_{i1}) \quad (4\text{-}9\text{-}4)$$

其中质量流量由下式求得

$$W_i = \frac{q_v \rho_i}{3600} \quad (4\text{-}9\text{-}5)$$

式中，q_v——冷流体在套管内的平均体积流量，m³/h；c_{pi}——冷流体的定压比热容，kJ/(kg·℃)；ρ_i——冷流体的密度，kg/m³。c_{pi} 和 ρ_i 可根据定性温度 t_m 在附录中查得，$t_m = \frac{t_{i1}+t_{i2}}{2}$ 为冷流体进出口平均温度。t_{i1}，t_{i2}，t_w，q_v 可采取一定的测量手段得到。

(2) 对流传热系数特征数关联式的实验确定　流体在管内作强制湍流，处于被加热状态，特征数关联式的形式为

$$Nu_i = A Re_i^m Pr_i^n \quad (4\text{-}9\text{-}6)$$

其中

$$Nu_i = \frac{\alpha_i d_i}{\lambda_i}, \quad Re_i = \frac{d_i u_i \rho_i}{\mu_i}, \quad Pr_i = \frac{c_{pi} \mu_i}{\lambda_i}$$

物性数据 λ_i、c_{pi}、ρ_i、μ_i 可根据定性温度 t_m 查得。经过计算可知，对于管内被加热的空气，普兰特特征数 Pr_i 变化不大，可以认为是常数，则关联式的形式简化为

$$Nu_i = A Re_i^m Pr_i^{0.4} \quad (4\text{-}9\text{-}7)$$

这样通过实验确定不同流量下的 Re_i 与 Nu_i，然后用线性回归方法确定 A 和 m 的值。

3. 实验装置

(1) 单套管换热器实验装置　根据实验基本原理，对流传热实验研究需要具备冷热流体的相对运动，在一定换热面积下测试能量交换量。一般采用饱和水蒸气作为热源，采用鼓风机压缩空气形成冷流体，实现热蒸汽对冷流体加热。其常见装置流程如图 4-9-2 所示。

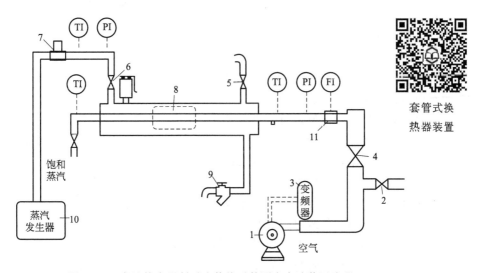

图 4-9-2　常见管内强制对流传热系数测定实验装置流程

1—鼓风机；2—旁路阀；3—变频器；4—风量调节阀；5—放空阀；6—安全阀；7—蒸汽减压阀；8—视窗；9—单向排水阀；10—蒸汽发生器；11—孔板流量计

(2) 负压式传热实验装置　在实验过程中，由于鼓风机的连续工作本身发热严重，同时被压缩的空气本身的做功或生热，实验过程中冷流体（压缩空气）的温度难以恒定，很多实验装置需要在前段加装空气冷凝装置确保冷流体恒温，但要控制的大流量气体恒温效果较差，目前也有采用负压式传热实验装置进行实验研究的，如图 4-9-3 所示。

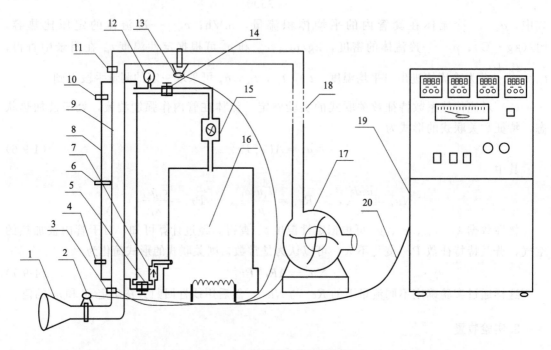

图 4-9-3　负压式传热实验装置

1—冷空气进口；2—冷空气流量变送器；3—冷空气入口温度传感器；4—换热器下端温度传感器；
5—热流体出口控制阀；6—换热器内壁表面温度传感器；7—热流体单向阀；8—套管式换热器外管；
9—套管式换热器内管；10—换热器上端温度传感器；11—冷空气出口温度传感器；12—热流体压力显示表；
13—冷空气压力变送器；14—热流体入口控制阀；15—热流体流动控制泵；16—热流体发生器；
17—旋涡式真空泵；18—冷空气延长导管；19—控制器；20—控制器与实验装置连接总电缆

根据以上结构，该负压式传热实验装置在使用时将热流体发生器注满相应流体，启动控制器加热到实验温度，然后启动热流体流动控制泵，开启相应控制阀门实现热流体循环对换热器内冷流体加热。冷流体通过旋涡式真空泵形成的负压在换热器的固定面积的换热管道内流动。套管式换热器内管具有良好的热导率。通过相应控制仪表和数据采集仪表进行实验控制和实验数据采集，即可实现传热系数测定。

该传热实验装置，冷流体采用旋涡式真空泵形成负压，促使冷空气在管内流动，真空泵可以通过导管与装置分离安装，大大降低装置在实验时泵产生的噪声；冷流体进入换热器前产生的压缩放热对传热系数测定的影响较小。

(3) 双套管换热器实验装置　为了考察传热过程中的强化传热对传热效果的影响，常采用内插有螺旋线圈的强化套管与光滑套管换热器进行对比实验，采用同一套蒸汽源和空气源进行实验，实验过程中，通过切换两个换热器的进出口阀门，实现对两个换热器的不同传热系数的测试。常用装置如图 4-9-4 所示。

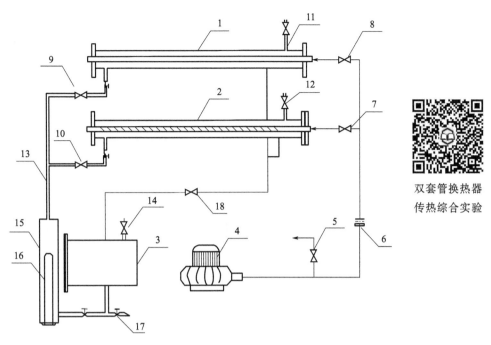

图 4-9-4 空气-水蒸气传热双套管综合实验装置

1—普通套管换热器；2—内插有螺旋线圈的强化套管换热器；3—蓄水罐；4—旋涡气泵；5—旁路调节阀；
6—孔板流量计；7、8—空气支路控制阀；9、10—蒸汽支路控制阀；11、12—蒸汽放空阀；
13—蒸汽上升主管路；14—加水阀；15—加热罐；16—加热器；17—放液阀；18—冷凝水回流阀

4. 实验操作要点

（1）打开蒸汽发生器（请特别注意安全，禁止在工作时随意调节蒸汽发生器上阀门）。

（2）打开总电源空气开关，打开仪表及巡检仪电源开关，给仪表通电待机。

（3）打开仪表台上的风机电源开关，让风机工作，同时打开冷流体入口阀，让套管换热器里充有一定量的空气。

（4）打开冷凝水出口阀，注意只保持一定的开度，若开得太大会让换热器里的蒸汽快速排出，关得太小会使换热器的玻璃管内蒸汽压力集聚而使玻璃管炸裂。

（5）在做实验前，应将蒸汽发生器到实验装置之间管道中的冷凝水排除，否则夹带冷凝水的蒸汽会损坏压力表及压力变送器。具体排除冷凝水的方法是：关闭蒸汽进口阀，打开装置下面的排冷凝水阀，让蒸汽压力把管道中的冷凝水带走，当听到蒸汽响时关闭冷凝水排除阀，可进行实验。

（6）刚开始通入蒸汽时，要仔细调节蒸汽进口阀的开度，让蒸汽慢慢流入换热器中，逐渐加热，由"冷态"转变为"热态"，不得少于 10min，以防止玻璃管或玻璃视窗因突然受热、受压而爆裂。

（7）当一切准备完成，调节进口阀的开度使蒸汽压力保持在 0.01MPa（可通过调节排不凝性气体阀和蒸汽进口阀实现）。

（8）开启冷流体鼓风机或真空泵，通过调节阀或电机变频器调节空气流量，改变冷流体的流量到一定值，待稳定后，记录实验数值；改变流量，记录不同流量下的实验数值。

（9）记录多组实验数据，完成实验，关闭蒸汽进口阀与冷流体进口阀，关闭仪表电源和风机的电源。

（10）关闭蒸汽发生器，缓慢泄压，待压力平衡后，缓慢排除蒸汽发生器内残液，并加入冷水冷却加热釜。

5. 数据处理与分析

（1）实验数据记录　实验原始数据记录表见表 4-9-1。

表 4-9-1　对流传热系数的测定实验

专业年级：　　　　　记录人姓名：　　　　学号：　　　　实验时间：
同组人姓名：
实验装置号：　　　　　　　　装置型号：
换热器类型：　　　　换热器材质：　　　换热管内径：　　　外径：　　　管长：

序号	蒸汽压力 Δp/Pa	空气流量 V/(m³/h)	蒸汽温度 T/℃	A 管壁温度 T_A/℃	B 管壁温度 T_B/℃	空气进口温度 t_1/℃	空气出口温度 t_2/℃	备注
1								
2								
3								
4								
...								

实验现象记录：

（2）数据处理要求

① 根据实验原始数据记录表、整理数据表（换热量、传热系数、各特征数以及重要的中间计算结果）、特征数关联式的回归过程、回归结果及回归方差分析，并进行计算示例。

② 通过计算机在同一对数坐标系中绘制换热器在不同蒸汽压力操作下的 Nu-Re 的关系图，并计算强化比。分析不同传热状态下 Nu 随 Re 的变化情况。

③ 实验得到的套管换热器的关联式与 $Nu = 0.023 Re^{0.8} Pr^{0.4}$ 进行比较，分析实验中存在的误差。

④ 分析该传热过程总传热系数 K 与对流传热系数 α_i 的关系，明确其控制步骤；提出强化传热的途径。

⑤ 实验数据处理需要注意，因为冷流体进入换热器前和进入换热器后温度发生了变化。因此，进入换热器管内的冷流体平均体积流量需要用下式进行校正

$$q_{V, t_m} = \frac{273 + t_0}{273 + t_m} q_{V, t_0} \tag{4-9-8}$$

式中，t_0——冷流体进口温度，℃；q_{V, t_0}——冷流体在进入换热器前、温度为 t_0 的体积流量，m³/h；t_m——冷流体进、出口平均温度，℃。

思考题

1. 为什么向蒸汽发生器的加热釜中加水至液位计上端红线以上才能通电加热？

2. 本实验进行中的气-汽换热的结果是什么？
3. 为什么在套管式换热器上安装一个通大气的管子进行实验前的排空操作？
4. 实验中测定气体流量使用的孔板流量计的设计原理是什么？使用时应注意什么？
5. 在传热实验中，要提高数据的准确度，在实验操作中要注意哪些问题？
6. 在进行传热实验时为何要维持加热蒸汽压力恒定？
7. 列举出你见过的化工生产过程中的传热装置或设备。

实验 10　列管式换热器传热实验

1. 实验目的

（1）掌握列管式换热器单管路、串联管路、并联管路操作。
（2）测定水在列管式换热器内换热时的总传热系数。
（3）掌握热电阻测温方法。
（4）通过列管式换热器的不同组合方式，理解强化传热的基本知识。

列管式换热器传热实验

2. 基本原理

列管式换热器是目前化工生产上应用最广泛的一种换热器。它主要由壳体、管板、换热管、封头、折流挡板等组成。所需材质，可分别采用普通碳钢、紫铜或不锈钢制作。在进行换热时，一种流体由封头的连接管处进入，在管流动，从封头另一端的出口管流出，称为管程；另一种流体由壳体的接管进入，从壳体上的另一接管处流出，称为壳程。

列管式换热器根据其结构特点可分为固定管板式换热器和浮头式换热器两大类。

固定管板式列管换热器的结构比较简单、紧凑、造价便宜，但管外不能机械清洗。此种换热器管束连接在管板上，管板分别焊在外壳两端，并在其上连接有顶盖，顶盖和壳体装有流体进出口接管。通常在管外装置一系列垂直于管束的挡板。同时管子和管板与外壳的连接都是刚性的，而管内管外是两种不同温度的流体。因此，当管壁与壳壁温差较大时，由于两者的热膨胀量不同，产生了很大的温差应力，以至管子扭弯或使管子从管板上松脱，甚至毁坏换热器。为了克服温差应力必须有温差补偿装置，一般在管壁与壳壁温度相差 50℃ 以上时，为安全起见，换热器应有温差补偿装置。但补偿装置（膨胀节）只能用在壳壁与管壁温差低于 60~70℃ 和壳程流体压强不高的情况。一般壳程压强超过 0.6MPa 时由于补偿圈过厚，难以伸缩，失去温差补偿的作用，就应考虑其他结构。

浮头式换热器的一块管板用法兰与外壳相连接，另一块管板不与外壳连接，以使管子受热或冷却时可以自由伸缩，但在这块管板上连接一个顶盖，称为"浮头"，所以这种换热器叫做浮头式换热器。其优点是：管束可以拉出，以便清洗；管束的膨胀不受壳体约束，因而当两种换热器介质的温差大时，不会因管束与壳体的热膨胀量的不同而产生温差应力。其缺点为结构复杂，造价高。

在本实验研究中，选用固定管板式列管换热器进行实验。在该实验中，列管式换热器壳程通以热水，管程通以冷水，在传热过程达到稳定时，有如下关系式。

$$V\rho c_p (t_2 - t_1) = K_i S_i \Delta t_m$$

式中，V——被加热的冷流体体积流量，m^3/s；ρ——被加热的冷流体密度，kg/m^3；c_p——被加热的冷流体平均比热容，$J/(kg·℃)$；K_i——管内总传热系数，$W/(m^2·℃)$；t_1，t_2——被加热的冷流体的进、出口温度，℃；S_i——内管内壁的传热面积，m^2；Δt_m——平均温差，℃。

若能测得被加热的水的V、t_1、t_2，内管内壁的传热面积S_i，通过上式计算得实测的冷流体在管内的总传热系数K_i。

3. 实验装置

本实验装置采用液-液传热，选用水作为实验流体进行实验，需要选用一个足够加热功率的恒温水箱，设置一个热水泵进行热流体输送，利用两个换热器的串、并连接进行实验。根据实验原理，需要设置流量调节阀对冷热流体进行流量调节，需要流量计对冷热流体进行计量，需要温度传感器对冷热流体的进出口温度进行实时测量。需要一套控制器对该装置各加热设备、测量仪表进行实时参数测量显示和控制。其实验装置流程如图4-10-1所示。

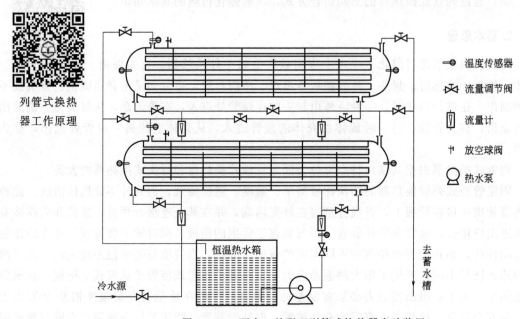

图4-10-1 可串、并联双列管式换热器实验装置

如图4-10-1所示，由泵将恒温热水箱的热水泵入列管式换热器，与来自自来水的冷水进行热交换。冷水经流量计进入列管式换热器内管，热交换后放入蓄水槽备用。冷、热水流量可用阀门调节、流量计计量，采用热电阻温度传感器测试温度，利用装置的管路和阀门调节，实现双列管式换热器的串、并联实验或单独选用一换热器进行实验。

4. 实验操作要点

（1）打开总电源开关、仪表电源开关，选择某一换热器进行实验。

（2）将恒温热水箱加水到安全刻度以上位置，启动热水控温仪表，设定70℃，进行恒温加热。

(3) 温度恒定后，打开冷水阀，选择合适的流量。

(4) 启动热水循环离心泵，输送热水进换热器，调节流量。

(5) 待温度、流量稳定后，测取冷、热水流量，测取冷进温度、冷出温度、热进温度、热出温度。

(6) 调节冷水流量，继续实验测定。

(7) 将换热器调节为串联状态，继续实验。

(8) 将换热器调节为并联状态，继续实验。

(9) 将恒温水箱控制器温度升高至80℃，重复上述实验，实验完毕后再次升温到90℃重复上述实验。

(10) 关闭各换热器热水进水阀门，关闭热水泵。

(11) 让冷流体继续流动，冷却一段时间后再关冷水进水阀门，关闭仪表电源开关、切断总电源。

5. 注意事项

(1) 一定要在列管式换热器内管输入一定量的冷水，保证冷流体有一定流量后方可开启热水泵。

(2) 恒温热水箱一定要加水到安全刻度线以上才能开启加热，液位低于安全刻度线时必须立即停止加热，待补充水到安全刻度线以上才能继续加热。

(3) 测定各参数时，必须是在稳定传热状态下，每组数据应重复2～3次，确认数据的稳定性、重复性和可靠性。

(4) 实验过程中，恒温热水箱、热水泵、热流体管路等存在高温流体，禁止直接接触管路，防止烫伤，热流体调节阀门必须戴绝热手套进行操作。

(5) 冷流体加热后自来水应进入蓄水槽，作为其他实验用水。

6. 数据处理与分析

(1) 计算总传热系数，进行典型数据计算并列出数据计算结果表。

(2) 通过冷热流体传热前后的热量变化，计算单一换热器、串联换热器、并联换热器的换热热效率。

(3) 在同一坐标上绘制冷流体流量与总传热系数关系图和换热器效率变化图。

(4) 比较换热器串、并联使用的变化规律及热流体温度改变对换热效果的影响等。

(5) 分析列管式换热器如何高效利用。

思考题

1. 为什么向恒温加热水箱中加水至液位计安全刻度线以上才能通电加热？
2. 本实验中进行的液-液换热的结果是什么，热效率如何？
3. 为什么在换热器上安装一个通大气的管子进行实验前的排空操作？
4. 在传热实验中，为提高数据的准确度，在实验操作中要注意哪些问题？
5. 列举你见过的化工生产过程中的液-液传热装置或设备。

4.4 精馏综合实验

实验 11 板式精馏塔的操作及其性能评定实验

1. 实验目的

（1）了解板式塔的结构及精馏流程，理论联系实际，掌握精馏塔的基本操作。

（2）采用乙醇-水二元体系测定精馏塔全塔效率，观察过程中出现液泛点、漏液点并分析原因。

精馏综合实验

（3）在规定时间内，完成不少于提取 500mL 乙醇产品，同时要求 $x_D \geqslant 92\%$、$x_W \leqslant 4\%$（均为体积分数）。

2. 基本原理

精馏是一种利用液体混合物中各组分的挥发度不同，在有回流操作的状态下使混合物分离的单元操作。精馏过程在精馏塔内完成。根据精馏塔内构件的不同，可将精馏塔分为板式精馏塔和填料精馏塔两大类。精馏操作广泛用于石油、化工、轻工、食品、冶金等领域。精馏操作可按不同方法进行分类。根据操作方式，可分为连续精馏和间歇精馏；根据混合物的组分数，可分为二元精馏和多元精馏；根据是否在混合物中加入影响汽液平衡的添加剂，可分为普通精馏和特殊精馏（包括萃取精馏、恒沸精馏和加盐精馏）。若精馏过程伴有化学反应，则称为反应精馏。

在板式精馏塔中，塔板是汽、液两相接触的场所。通过塔底的再沸器对塔釜液体加热使之沸腾汽化，上升的蒸气穿过塔板上的孔道和板上液体接触进行传热传质。塔顶的蒸气经冷凝器冷凝后，部分作为塔顶产品，部分冷凝液则通过回流返回塔内，这部分液体自上而下经过降液管流至下层塔板口，再横向流过整个塔板，经另一侧降液管流下。汽、液两相在塔内呈逆流，在板上呈错流。评价塔板好坏一般考虑处理量、板效率、阻力降、操作弹性和结构等因素。工业上常用的塔板有筛板、浮阀塔板、泡罩塔板等。常见的板式精馏塔工作原理图如图 4-11-1 所示。

在塔中部适当位置加入待分离料液，料液中轻组分浓度与塔截面下降液流浓度最接近，该处即为加料的适当位置。因此，加料液中轻组分浓度越高，加料位置也越高，加料位置将塔分成上下两个塔段，上段为精馏段，下段为提馏段。在精馏段中上升蒸气与回流液之间进行物质传递，使上升蒸气中轻组分不断增浓，至塔顶达到要求浓度。在提馏段中，下降液流与上升蒸气间的物质传递使下降液流中的轻组分转入汽相，重组分转入液相，下降液流中重组分浓度不断增浓，至塔底达到要求浓度。

（1）评价精馏的指标——全塔效率 塔板效率是反映塔板性能及操作好坏的主要指标，影响塔板效率的因素很多，如塔板结构、汽液相流量和接触状况以及物性等。常用单板效率（默弗里效率）和全塔效率（总板效率）表示塔板效率。单板效率是评价塔板好坏的重要数

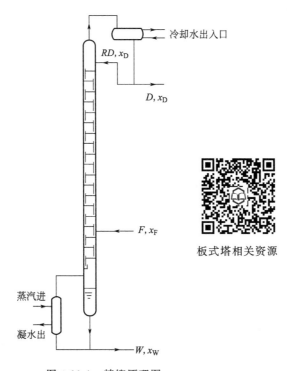

图 4-11-1 精馏原理图

F、D、W—进料、塔顶产品、塔底产品的流量，kmol/s；

x_F、x_D、x_W—进料、塔顶产品、塔底产品中轻组分的摩尔分数

据，对于不同板型，在实验时保持相同的体系和操作条件，对比它们的单板效率就可以确定其优劣，因此在科研中常常运用。全塔效率的数值在设计中应用很广泛，一般是由实验测定。全回流下测全塔效率有两个目的。一是在尽可能短的时间内在塔内各塔板，自上而下建立浓度分布，从而使未达平衡的不合格产品全部回入塔内直至塔顶塔底产品浓度合格，并维持若干时间后为部分回流提供质量保证。二是由于全回流下的全塔效率和部分回流下的全塔效率相差不大，在工程处理时，可以用全回流下的全塔效率代替部分回流下的全塔效率，全回流时精馏段和提馏段操作线重合，汽液两相间的传质具有最大的推动力，操作变量只有 1 个，即塔釜加热量，所测定的全塔效率比较准确地反映了该精馏塔的最佳性能，对应的塔顶或塔底浓度即为该塔的极限浓度。下面介绍全塔效率的测定。

全塔效率 E_T 的定义：板式精馏塔中，完成分离任务所需理论板数与实际板数的比值，即

$$E_T = \frac{N_T}{N_P} \times 100\% \tag{4-11-1}$$

式中，N_T——塔内所需理论板数（不含塔釜底板）；N_P——塔内实际板数。

在全回流条件下，只要测得塔顶馏出液组成 x_D 和塔釜组成 x_W，即可根据双组分物系的相平衡关系，在 y-x 图上通过图解法求得理论板数 N_T；而塔内实际板数已知，根据式 (4-11-1) 可求得 E_T。

在部分回流条件下，理论板数 N_T 由已知的双组分物系平衡关系，通过实验测得塔顶产品组成 x_D、进料组成 x_F、回流比 R、进料温度 T_F 等得出精馏段操作线方程及 q 线方程，根据塔釜组成 x_W 确定提馏段操作线方程，利用图解法计算求得。

精馏段操作线方程

$$y_{n+1} = \frac{R}{R+1}x_n + \frac{x_D}{R+1} \quad (4\text{-}11\text{-}2)$$

q 线方程

$$y = \frac{q}{q-1}x - \frac{x_F}{q-1} \quad (4\text{-}11\text{-}3)$$

$$q = 1 + \frac{c_{p,m}(T_S - T_F)}{r_F} \quad (4\text{-}11\text{-}4)$$

$$c_{p,m} = c_{p,1}M_1x_1 + c_{p,2}M_2x_2 \quad (4\text{-}11\text{-}5)$$

$$r_F = r_1M_1x_1 + r_2M_2x_2 \quad (4\text{-}11\text{-}6)$$

式中，T_F——进料温度，℃；T_S——进料液的泡点温度，℃；q——进料热状况，其值为进料中饱和液所占的质量分数；$c_{p,m}$——进料液体在平均温度（$T_F + T_S$）/2 下的比热容，kJ/(kmol·℃)；r_F——进料液体在其组成和泡点下的汽化热，kJ/kmol；$c_{p,1}$、$c_{p,2}$——纯组分 1 和纯组分 2 在平均温度下的比热容，kJ/(kg·℃)；r_1、r_2——纯组分 1 和纯组分 2 在泡点温度下的汽化热，kJ/kg；M_1、M_2——纯组分 1 和纯组分 2 的摩尔质量，kg/kmol；x_1、x_2——纯组分 1 和纯组分 2 在进料中的摩尔分数。

(2) 维持正常精馏的设备因素　精馏塔的结构应能提供所需的塔板数和塔板上足够的相间传递面积。塔底加热（产生上升蒸气）、塔顶冷凝（形成回流）是精馏操作的主要能量消耗；回流比越大，塔顶冷凝量越大，塔底加热量也必须越大。回流比越大，相间物质传递的推动力也越大。

合理的塔板数和塔结构为正常精馏达到指定分离任务提供了质量保证，塔板数和塔板结构为汽-液接触提供传质面积。塔板数越少，塔高越矮，设备投资越省。塔板数多少和被分离的物系性质有关，轻重组分间挥发度越大，塔板数越少；反之，塔板数越多。塔结构合理，操作弹性大，不易发生液沫夹带、漏液、溢流液泛现象；反之，会使操作不易控制，塔顶塔底质量难以保证。为有效实现汽-液两相之间的传质，使传质具有最大的推动力，合理结构的板式精馏塔内的流体流动应同时具备汽-液两相总体逆流和汽-液两相在板上错流的两方面流动特征。如图 4-11-2 所示。

液沫夹带
相关资源

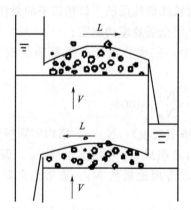

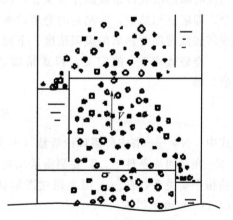

图 4-11-2　正常操作时的汽-液接触状况　　图 4-11-3　过量的液沫夹带现象
V—气体；L—液体

塔结构设计不合理和操作不当时会发生以下三种不正常现象。

① 严重的液沫夹带现象。由于开孔率太小，而加热量过大，导致汽速过大，塔板上的一部分液体被上升气流带至上层塔板，这种现象称为液沫夹带。液沫夹带是一种与液体主流方向相反的流动，属返混现象，使板效率降低，严重时还会发生夹带液泛，破坏塔的正常操作，见图4-11-3。这种现象可通过 $p_\text{釜}$ 显示，由于

$$p_\text{釜} = p_\text{顶} + \Sigma 板压降$$

此时，板压降急剧上升，表现为 $p_\text{釜}$ 读数超出正常范围的上限。

② 严重的漏液现象。由于开孔率太高，而加热量太小，导致汽速过小，部分液体从塔板开孔处直接漏下，这种现象称为漏液。漏液造成液体与气体在板上无法错流接触，传质推动力降低。严重的漏液，将使塔板上不能积液而无法正常操作，上升的蒸气直接从降液管里走，板压降几乎为0，见图4-11-4所示。此时 $p_\text{釜} \approx p_\text{顶}$。

综上所述现象都与塔釜加热量直接有关。塔釜加热量越大，汽-液负荷越大，表现为操作压力 $p_\text{釜}$ 也愈大。$p_\text{釜}$ 过大，液沫夹带将发生，$p_\text{釜}$ 过小，漏液将出现。若液沫夹带量和漏液量各超过10%，被称为严重的不正常现象。所以正常的精馏塔，操作压力 $p_\text{釜}$ 应有合适的范围，即操作压力区间。

③ 溢流液泛。由于降液管通过能力的限制，当汽-液负荷增大，降液管通道截面积太小，或塔内某塔板的降液管有堵塞现象时，降液管内清液层高度增加，当降液管液面升至堰板上缘时，见图4-11-5，降液管内的液体流量为其极限通过值，若液体流量超过此极限值，板上开始积液，最终会使全塔充满液体，引起溢流液泛，破坏塔的正常操作。

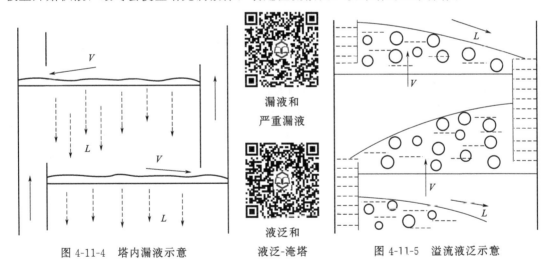

图 4-11-4　塔内漏液示意

漏液和严重漏液

液泛和液泛-淹塔

图 4-11-5　溢流液泛示意

（3）维持正常精馏的操作因素　精馏塔操作不当，将造成操作不稳定、数据不可靠。精馏塔操作中，可调节和控制的参数有：回流比；再沸器的加热量和塔内上升蒸气量；塔顶冷凝器的冷却水用量和传热量；进料温度和热状态参数；进料、塔底产品、塔顶产品的流量。一般精馏塔的操作控制应坚持以下基本操作要点。

① 精馏塔要保持稳定高效操作，首先必须使精馏塔从下到上建立起一整套与给定操作条件对应的逐板递升的浓度梯度和逐板递降的温度梯度。因此，在操作开始时要设法尽快建立这个梯度，操作正常后要努力维持这个梯度。当要调整操作参数时，要采取一些渐变措施，让全塔的浓度梯度和温度梯度按需要渐变而不混乱。因此，精馏塔开车时，通常先采用

全回流操作,待塔内情况基本稳定后,再开始逐渐增大进料量,逐渐减小回流比,同时逐渐增大塔顶塔底产品流量。

② 精馏塔操作时,若精馏段的高度已不能改变,则影响塔顶产品质量的诸多因素中,影响最大而且最容易调节的是回流比。所以若提高塔顶产品易挥发组分的组成,常用增大回流比的办法。在提馏段的高度已不能改变的条件下,若提高塔底产品中难挥发组分的组成,最简便的办法是增大再沸器上升蒸气的流量与塔底产品的流量之比。由此可见,在精馏塔操作中,产品的组成要求和产量要求必须统筹兼顾。一般是在保证产品组成能满足要求以及稳定操作的前提下,尽可能提高产量。

③ 塔顶冷凝器的操作状态是精馏塔操作中需要特别注意的问题。开车时,先向冷凝器中通冷却水,然后再对再沸器加热。停车时,则先停止对再沸器加热,再停止向冷凝器通冷却水。在正常操作过程中,要防止冷却水突然中断,并考虑事故发生后如何紧急处理,目的是为了避免塔内的物料蒸气外逸,造成环境污染、火灾。此外,塔顶冷凝器冷却水的流量不宜过大,控制到使物料蒸气能够全部冷凝为宜。其目的一是为了节约用水,二是为了避免塔顶回流液的温度过低,造成实际回流比偏离设计值或测量值。

④ 精馏塔操作的稳定性。因为精馏塔操作中存在汽、液两相的流动,还存在热交换和相变化,所以精馏塔操作中传质过程是否稳定,既与塔内流体流动过程是否稳定有关,还与塔内传热过程是否稳定有关,因此精馏塔操作稳定的必要条件是:a. 进出系统的物料维持平衡且稳定;b. 回流比稳定;c. 再沸器的加热蒸气或加热电压稳定;d. 塔顶冷凝器的冷却水流量和温度稳定;e. 进料的热状态稳定;f. 塔系统与环境之间的散热情况稳定。

在进行精馏操作实验研究或连续生产过程中,要保持精馏塔的正常操作状态,设备的操作影响因素主要有以下几个方面。

(1) 适宜回流比的确定　回流比是精馏的核心因素。在设计时,存在着一个最小回流比,低于该回流比即使塔板数再多,也达不到分离要求。在精馏塔的设计时存在一个经济上合理的回流比,使设备费用和能耗得到兼顾。在精馏塔操作时,存在一个回流比的允许操作范围。处理量恒定时,若汽-液负荷(回流比)超出塔的通量极限时,会发生一系列不正常的操作现象,同样会使塔顶产品不合格。加热量过大,会发生严重的雾沫夹带和液泛;加热量过小,会发生漏液,液层过薄,塔板效率降低。

(2) 物料平衡　根据

$$F = D + W \tag{4-11-7}$$

$$Fx_F = Dx_D + Wx_W \tag{4-11-8}$$

若 $F > D + W$,塔釜液位将会上升,从而发生淹塔;若 $F < D + W$,塔釜液位将会下降,从而发生干塔。调节塔釜排出阀开度,可以维持塔釜液位恒定,实现总物料的平衡。

在回流比 R 一定的条件下,若 $Fx_F > Dx_D + Wx_W$,塔内轻组分大量累积,即表现为每块塔板上液体中的轻组分增加,塔顶能达到指定温度和浓度,此时塔内各板的温度所对应塔板的温度分布曲线,如图 4-11-6 所示,但塔釜质量不合格,表明加料速度过大或塔釜加热量不够;若 $Fx_F < Dx_D + Wx_W$,塔内轻组分大量流失,此时各板上液体中的重组分增加,塔内温度分布曲线如图 4-11-7 所示,这时塔顶质量不合格,塔底质量合格。表示塔顶采出率过大,应减小或停止出料,增加进料和塔釜出料。

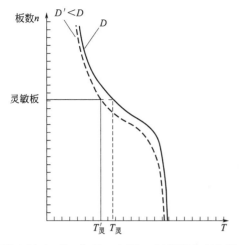
图 4-11-6　$Fx_F > Dx_D + Wx_W$ 时温度分布曲线
D'—操作状况下塔顶料液变化量

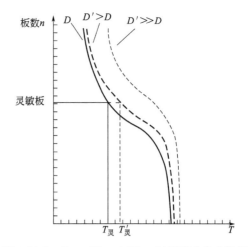
图 4-11-7　$Fx_F < Dx_D + Wx_W$ 时温度分布曲线图

(3) 灵敏板温度 $T_灵$

① 灵敏板温度是指一个正常操作的精馏塔当受到某一外界因素的干扰（如 R、x_F、采出率等发生波动时），全塔各板的组成将发生变动，全塔的温度分布也将发生相应的变化，其中有一些板的温度对外界干扰因素的反应最灵敏，故称它们为灵敏板。

② 塔顶和塔釜温度进行操作控制的不可靠性主要有两个原因：一是温度与组成虽然有一一对应关系，但温度变化较小，仪表难以准确显示，特别是高纯度分离时；二是过程的滞后性，当温度达到指定温度后由于过程的惯性，温度在一定时间内还会继续变化，造成出料不合格。

③ 塔内温度剧变的区域。塔内沿塔高温度的变化如图 4-11-7 所示。显然，在塔的顶部和底部附近的塔段内温度变化较小，中部温度变化较大。因此，在精馏段和提馏段适当的位置各设置一个测温点，在操作变动时，该点的温度会呈现较灵敏的反应，因而称为灵敏板温度。

④ 按灵敏板温度进行操作控制。操作一段时间后能得知当灵敏板温度处于何值时塔顶产品和塔底产品能确保合格，以后即按该灵敏板温度进行调节。例如，当精馏段灵敏板温度上升达到规定值后即减小出料量，反之，则加大出料量。

因此，能用测量温度的方法预示塔内组成尤其是塔顶馏出液组成的变化。图 4-11-6 和图 4-11-7 是物料不平衡时，全塔温度分布的变化情况；图 4-11-8 是分离能力不够时，全塔温度分布的变化情况，此时塔顶和塔底的产品质量均不合格。从图 4-11-7 和图 4-11-8 可以看出，采出率增加和回流比减小时，灵敏板的温度均上升，但前者温度上升是突跃式的，而后者则是缓慢式的，据此可判断产品不合格的原因，并作相应的调整。

3. 实验设计

(1) 实验方案设计　采用乙醇-水二元体系，全回流操作测全塔效率。根据 $E_T = \dfrac{N_T}{N_P} \times 100\%$，在一定加热量下，全回流操作，稳定后塔顶、塔底同时取样分析，得 x_D、x_W，用作图法求理论板数。

部分回流时回流比的估算常用图解法和设备操作摸索法。图解法的主要步骤为：根据操

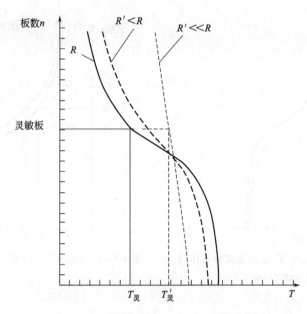

图 4-11-8　分离能力不够时温度分布曲线图

作线和相平衡曲线图，在目标浓度对应的相平衡曲线上作一切线交纵坐标，截距为 $\dfrac{x_D}{R_{\min}+1}$，即可求得 $R_{\min}$，由 $R=(1.2\sim2)R_{\min}$ 初估操作回流比。

根据现有塔设备操作探索回流比，方法如下。

① 选择合适的加料速度，根据物料衡算计算塔顶出料流量及调至适当值，塔釜以维持液位恒定方式缓慢出料或间歇出料。

② 将加热电压调小，观察塔节视镜内的汽-液接触状况，当开始出现漏液时，记录 $p_{釜}$ 读数，此时 $p_{釜}$ 作为操作压力下限，对应的加热电压即为最小加热量，读取的回流比即为操作回流比下限。

③ 将加热电压调大，观察塔节视镜内的汽液接触状况，当开始出现液泛时，记录 $p_{釜}$ 读数，此时 $p_{釜}$ 作为操作压力上限，对应的加热电压即为最大加热量，读取的回流比即为操作回流比上限。

④ 在漏液点和液泛点之间选择合适的塔釜加热量，维持塔正常操作状态。

⑤ 部分回流时，估算塔顶、塔底产品质量同时合格时的 D 值，确定回流比的合适范围。

⑥ 根据目标轻组分浓度要求和轻组分物料衡算，得 D 的大小，同时根据全回流时塔底轻组分的含量和物料衡算式确定回流比的最佳取值。

(2) 实验装置设计　根据实验原理，进行精馏操作实验研究，需要在具备以下实验条件的基础上合理组装满足要求的实验装置。

① 需要 1 个带再沸器和冷凝器的筛板精馏塔。

② 至少需要 3 个温度测量点，以测定 $T_{顶}$、$T_{灵}$、$T_{釜}$。

③ 需要 1 个塔釜压力表，以确定操作压力 $p_{釜}$。

④ 需要 1 个加料泵，供连续精馏之用。

⑤ 需要 3 个流量计，以计量回流量、塔顶出料量、加料量。

将以上仪表和主要塔设备配上储槽、阀门、管件等即可组建出实验装置。

4. 实验装置

常用的精馏实验装置一般采用筛板塔，其装置流程如图 4-11-9 所示。

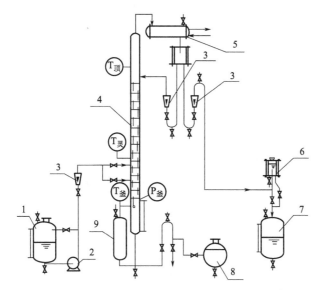

图 4-11-9　筛板精馏塔实验装置流程
1—原料罐；2—进料泵；3—流量计；4—板式精馏塔；5—冷凝器；6—产品观察窗；
7—产品收集中罐；8—塔底残液罐；9—再沸器

5. 实验操作要点

(1) 最大分离能力（全回流操作）　在塔釜内置入 10%～30%（体积分数）的乙醇水溶液，釜位近液位 3/4 处，开启加热电源，打开塔顶冷凝器进水阀。塔釜加热，塔顶冷凝，不加料，不出产品。待塔内建立起稳定的浓度分布后（回流流量计浮子浮起来达到最大值，且稳定一段时间），同时取样分析塔顶组成 x_D 与塔釜组成 x_W。由该组成可作图得到该塔的理论板数，并计算全塔效率。

(2) 最大的处理能力（液泛点的判定）　全回流条件下，加大塔釜的加热量，塔内上升蒸气量和下降液体量将随之增大，塔板上液层厚度和塔釜压力也相应增大，当塔釜压力急剧上升时即出现液泛现象，读取该时刻的回流量和加热电功率，即为该塔操作的上限—— 液泛点。

(3) 最小的处理能力（漏液点的查找）　全回流条件下，逐次减小塔釜加热量，测定全塔效率，当塔效率剧降时，读取该时刻的回流量和加热电功率，即为该塔操作的下限——漏液点。

(4) 部分回流及连续产品生产操作　部分回流并连续生产产品，根据估算的回流比和该操作条件下的物料衡算，启动加料泵并将加料流量计开至合适位置，进行加料连续生产，同时调节回流控制阀和产品收集流量控制阀，选择合适的回流比进行产品生产并实时取样检测。

(5) 乙醇-水混合体系浓度检测

① 色谱法。采用气相色谱仪进行样品浓度分析。测试条件为色谱柱：填充柱；检测器：TCD，载气：氢气/氮气/氩气；汽化室温度：130℃；柱温箱温度：150℃；检测器温度：160℃；检测器电流：120mA。利用微量注射进行手动进样检测，采用标准曲线面积归一法，直接得出检测样品浓度。

② 乙醇比重计法。采用乙醇比重计，在恒定测试温度下，直接得出溶液体系密度，查询对应的密度与体积分数或质量分数关系表，得出对应的浓度。或用酒精体积分数直接读比重计测试得出。

③ 阿贝尔折光仪测试法。采用阿贝尔折光仪测试某一恒定温度下的乙醇-水混合体系的折射率，查询该温度状态下的乙醇-水混合体系折射率与乙醇浓度关系表得出乙醇浓度。

6. 数据处理与分析

（1）原始数据及实验过程现象记录表 4-11-1

表 4-11-1 实验过程原始数据记录表

序号	$p_{釜} \times 10^2/Pa$	$T_{灵}/℃$	$F/(L/h)$	$D/(mL/min)$	$W/(mL/min)$	$x_F\%$	$x_D\%$	$x_W\%$	R
1									
2									
3									
…									

实验过程中现象记录与描述：

（2）实验结果分析示例

① 参照表 4-11-2 记录实验数据。

表 4-11-2 实验数据记录结果表

实验体系：乙醇-水溶液体系；进料状态：常温；

设备参数：塔板数=15，塔径=50mm，板间距=100mm，开孔率=3.8%；

仪表参数：回流流量计量程 6～60mL/min，产品流量计量程 2.5～25mL/min，进料流量计量程 2.5～25mL/min，加热功率（可调）0～2.5kW；

操作参数：$p_{釜}=(20\sim35)\times10^2$Pa，$T_{灵}=78\sim83$℃。

参数	$x_D/\%$	$x_W/\%$	$T_{灵}/℃$	$p_{釜}\times10^2/Pa$	$F/(L/h)$	$D/(L/h)$	$W/(L/h)$	R	x_F
全回流	95.0	3.5	80	25				∞	
部分回流	93.0	3.0	79	28	3	0.45	2.5	2.2	16

② 数据处理示例

全回流条件下：$x_D=95\%$，$x_W=3.5\%$（体积分数），经计算后可得

$x_D=83.47\%$（摩尔分数）

$x_W=1.21\%$（摩尔分数）

作图可知，$N_T=8$，则全塔效率 $E_T=\dfrac{N_T}{N_P}\times100\%=\dfrac{8}{15}\times100\%=53.3\%$。操作回流比的估算：已知指定分离要求 $x_D=93\%$（质量分数），对应 $x_D=80.4\%$（摩尔分数）。当精馏段操作线与平衡线相切时，将切线延长至纵坐标，则纵坐标上的读数即为截距。由精馏段操作线方程可知，截距 $=\dfrac{x_D}{R_{\min}+1}$，解得 $R_{\min}\approx1.8$。

③ 实验现象讨论与分析

a. 全回流操作时，精馏塔不加料也不出料。因此，在 y-x 图上精馏段与提馏段操作线都与对角线重合。可以看出：全回流的特点是两板之间任一截面上，上升蒸气的组成与下降液体组成相等，所以可以通过作图法求得全回流理论板数 N_T，进而求得全塔效率 $E_T=\dfrac{N_T}{N_P}\times100\%$。

b. 正常操作的板式精馏塔应满足汽液两相总体逆流，汽液两相在板上错流。在部分回流操作时，稍有不当则比全回流更易产生不正常现象。例如，釜压过高易产生液沫夹带或液泛，釜压过低则会产生漏液。漏液最易发生的地方是塔顶和加料板处。

c. 为了达到指定分离任务，回流比的控制相当重要。若回流量 L 增加，塔顶出料量 D 不变，则意味着塔釜加热量增加，塔顶冷却量也增加，所以这是以能耗为代价的。本实验出现灵敏板温度超出正常范围时意味着塔顶 x_D 不合格，$T_灵$ 急剧上升，应采用暂时关闭产品出料，加大物料进料量和增加塔底残液排放量的操作处理；$T_灵$ 缓慢上升时，应增加塔釜加热量和塔顶冷却量，而不是通过减少塔顶出料量来提高回流比，因为后者的操作会破坏物料平衡。

d. 部分回流时，由于加料状况为冷加料，入塔后将会影响精馏段上升的蒸气量，因此需缓慢提高加热功率，使精馏段仍然维持原来的上升蒸气量。

思考题

1. 本实验在求理论板数时为何用图解法而不用逐板计算法？
2. 取样分析时应注意什么？
3. 实验过程中如何判断操作已经稳定，可以取样分析？
4. 实验过程中预热阶段的加热升温速度为什么不能太快？
5. 观察实验现象时，为什么塔板上的液层不是同时建立？
6. 为什么取样分析时，塔顶、塔釜要同步进行？
7. 若在实验过程中实验室里有较浓的乙醇气味，试分析原因。
8. 在实验过程中，何时能观察到漏液现象？
9. 在操作过程中，若进料量突然增大，则塔釜、塔顶组成如何变化？
10. 列举化工生产过程中使用到精馏的生产工艺。

实验 12　乙醇-正丙醇填料塔精馏操作实验

1. 实验目的

（1）了解填料精馏塔及其附属设备的基本结构，掌握精馏过程的基本操作方法。

(2) 掌握测定塔顶、塔釜溶液浓度的实验方法。
(3) 掌握调节回流比的方法及回流比对精馏塔分离效率的影响。
(4) 掌握用图解法求取理论板数的方法和计算等板高度（HETP）的方法。

2. 基本原理

精馏塔是实现液体混合物分离操作的汽液传质设备。精馏塔可分为板式塔和填料塔。板式塔为汽液两相在塔内逐板逆流接触，而填料塔汽液两相在塔内沿填料层高度连续微分逆流接触。填料是填料塔的主要构件，填料可分为散装填料和规整填料。散装填料有拉西环、鲍尔环、阶梯环、弧鞍形填料、矩鞍形填料、θ 网环等；规整填料有板波纹填料、金属丝网波纹填料等。

填料塔属连续接触式传质设备。填料精馏塔与板式精馏塔的不同之处在于塔内汽液相浓度前者呈连续变化，后者呈逐级变化。等板高度（HETP）是衡量填料精馏塔分离效果的一个关键参数，等板高度越小，填料层的传质分离效果就越好。

填料塔内汽液两相传质过程十分复杂，影响因素很多，包括填料特性、气（汽）液两相接触状况及两相的物性等。在完成一定分离任务条件下确定填料塔内的填料层高度时，往往需要直接的实验数据或选用填料种类、操作条件及分离体系相近的经验公式进行填料层高度的计算。常用的确定填料层高度的方法有以下几种。

(1) 传质单元数法

$$\text{填料层高度} = \text{传质单元高度} \times \text{传质单元数}$$

$$Z = H_{OL} N_{OL} = \frac{L}{K_Y a \Omega} \int_{x_2}^{x_1} \frac{\mathrm{d}X}{X^* - X} \tag{4-12-1}$$

或

$$Z = H_{OG} N_{OG} = \frac{L}{K_Y a \Omega} \int_{x_2}^{x_1} \frac{\mathrm{d}X}{X^* - X} \tag{4-12-2}$$

式中，Z——填料层高度，m；H_{OL}、H_{OG}——液相、气相传质单元高度，m；N_{OL}、N_{OG}——液相、气相传质单元数。

由于填料塔按其传质机理是气液两相的组成沿填料层呈连续变化，而不是阶梯式变化，用传质单元数法计算填料层高度最为合适。传质单元数法广泛应用于吸收、解吸、萃取等填料塔的设计计算。

(2) 等板高度（HETP）法 在精馏过程计算中，一般都用理论板数来表达分离的效果。因此习惯用等板高度法计算填料精馏塔的填料层高度。

$$Z = \text{HETP} \times N_T \tag{4-12-3}$$

式中，N_T——理论塔板数；HETP——等板高度，m。

等板高度 HETP 指与一层理论塔板的传质作用相当的填料层高度，表示分离效果相当于一块理论板的填料层高度，又称为当量高度，单位为 m。进行填料塔设计时，由于 HETP 的大小不仅取决于填料的类型、材质与尺寸，而且受系统物性、操作条件及塔设备尺寸的影响。因此，选定填料的 HETP 无从查找，一般通过实验直接测定。

对于二元组分的混合液，在全回流操作条件下，待精馏过程达到稳定后，从塔顶、塔釜分别取样测得样品的组成，用芬斯克（Fenske）方程或在 y-x 图上作全回流时的理论板数。

(3) 图解法 对于双组分体系，根据其物料关系 x_n，通过实验测得塔顶组成 x_D、塔釜

组成 x_W、进料组成 x_F 及进料热状况 q、回流比 R 和填料层高度 Z 等有关参数，用图解法求得其理论板 N_T 后，即可用下式确定

$$\text{HETP} = \frac{Z}{N_T} \tag{4-12-4}$$

理论板数的计算方法参考板式精馏塔实验全回流和部分回流时的理论板数计算方法。

（4）芬斯克方程

$$N_{\min} + 1 = \frac{\lg\left[\left(\dfrac{x_A}{x_B}\right)_D \left(\dfrac{x_B}{x_A}\right)_W\right]}{\lg\bar{\alpha}} \tag{4-12-5}$$

式中，$N_{\min}$——全回流时的理论板数；$\left(\dfrac{x_A}{x_B}\right)_D$——塔顶易挥发组分与难挥发组分的摩尔比；$\left(\dfrac{x_B}{x_A}\right)_W$——塔釜难挥发组分与易挥发组分的摩尔比；$\bar{\alpha}$——全塔的平均相对挥发度，当 α 变化不大时，$\bar{\alpha} = \sqrt{\alpha_顶 \alpha_釜}$。

在部分回流的精馏操作中，可由芬斯克方程和吉利兰图，或在 y-x 图上作梯级求出理论板数。

理论板数确定后，根据实测的填料层高度，求出填料的等板高度，即

$$\text{填料等板高度(HETP)} = \frac{\text{实测填料层高度 } Z}{\text{理论板数 } N_T} \tag{4-12-6}$$

3. 实验装置

本实验装置的主体设备是填料精馏塔，配套有加料系统、回流系统、产品出料管路、残液出料管路、进料泵和一些测量、控制仪表。

本实验料液为乙醇-正丙醇溶液，由进料泵打入塔内，釜内液体由电加热器加热汽化，经填料层内填料完成传质传热过程，进入盘管式换热器管程（壳层的冷却水全部冷凝成液体），再从集液器流出，一部分作为回流液从塔顶流入塔内，另一部分作为产品馏出，进入产品贮罐；残液经釜液转子流量计流入残液罐。填料精馏塔实验装置图如图 4-12-1 所示。

4. 实验操作要点

精馏基本操作原则和方法在"板式精馏塔的操作及其性能评定实验"中已经有详细讲述，本实验不再讲解。

（1）全回流操作

① 在料液罐中配制乙醇含量为 15%～20%（摩尔分数）的乙醇-正丙醇料液，由物料泵泵入塔釜中，至釜容积的 2/3 处。进料液浓度以进料泵运行后取样分析为准。

② 检查各阀门位置处于关闭状态，启动电加热管电源，使塔釜温度缓慢上升。打开冷却水进出口阀门，通过水进口处转子流量计调至合适的流量，使放空阀中液滴间断性地下落即可。冷却水流量以冷却前后温度升高不超过 10℃ 为宜，过大则使塔顶蒸气冷凝液溢流回塔内，过小则使塔顶蒸气由放空阀直接大量溢出。加热过程中可观察到视镜中有液体下流。

③ 当塔顶温度、回流量和塔釜温度稳定后，分别取塔顶出料液和塔釜残液，分析样品浓度，即塔顶浓度 x_D 和塔釜浓度 x_W。

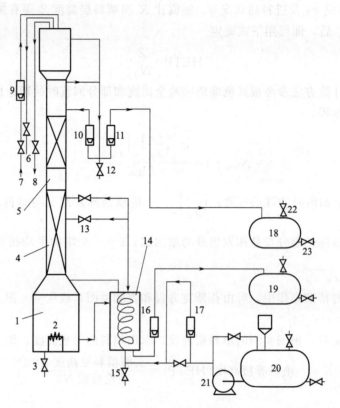

图 4-12-1　填料精馏塔实验装置图

1—塔釜；2—电加热管；3—塔釜取样口；4—填料；5—观察视镜；6—不凝性气体出口；7—冷却水进口；
8—冷却水出口；9—冷却水流量计；10—塔顶回流流量计；11—塔顶出料流量计；12—塔顶出料取样口；
13—进料阀；14—换热器；15—进料液取样口；16—塔釜残液流量计；17—进料液流量计；18—产品贮罐；
19—残液罐；20—原料罐；21—进料泵；22—放空阀；23—排液阀

(2) 部分回流操作

① 在储料罐中配制一定浓度的乙醇-正丙醇料液 (15%～20%)。

② 待塔全回流操作稳定时，打开进料阀，调节进料量至适当的流量。

③ 启动回流比控制器电源，设定合适的回流比 R，调节塔顶合适的回流液流量，打开塔釜回流转子流量计阀门，观察并控制回流流量和产品流量。

④ 当塔顶、塔釜温度读数稳定，各转子流量计读数稳定后即可取样。

(3) 取样与分析

① 进料、塔顶、塔釜从各相应的取样阀放出。

② 取样前应先放空取样管路中残液，再用取样液润洗试管，最后用待测液淌洗过的样品瓶取一定量样品，立即盖上盖子并标号以免出错。同一操作条件下，塔顶产品和塔釜残液的样品尽可能同时取样，其中塔釜残液样品取样后应密封，快速冷却至测试温度后才能检测。

5. 注意事项

(1) 塔顶放空阀一定要打开，否则容易因塔内压力过大影响实验进行。

(2) 料液一定要加到设定液位 2/3 处方可打开加热管电源，否则塔釜液位过低会使电加热管处于"干烧"状态而损坏。

(3) 实验完毕后，应先关加热器，待塔内温度降到常温后，再关闭冷却水。

6. 数据处理与分析

(1) 根据实验目的、原理及任务完成实验方案设计，确定实验需求及分析检测条件。
(2) 将塔釜、灵敏板、塔顶温度和组成、塔釜压力以及各流量计读数等原始数据列表。
(3) 将实验实际操作步骤认真总结并按条例列出。
(4) 按全回流和部分回流分别用图解法和芬斯克方程计算理论板数。
(5) 计算等板高度（HETP），并做出回流比与等板高度的关系图。
(6) 分析并讨论实验过程中观察到的现象。

思考题

1. 如何用直接实验法测定填料层等板高度？测定 HETP 有何意义？
2. 填料润湿性能与传质效率有何关系？实验时采用什么方法保证填料的润湿性？
3. 欲知全回流与部分回流时的等板高度，各需测取哪些参数？取样位置应在何处？
4. 分析实验结果成功或失败的原因，并提出改进意见。
5. 试比较分析筛板精馏塔和填料精馏塔的异同，以及在操作中的区别。
6. 结合实验研究并查阅相关文献，试讨论工程实际中哪些操作可用填料精馏装置？

4.5 气体吸收综合实验

实验 13　填料吸收塔的力学性能和传质性能测定实验

1. 实验目的

(1) 认识填料塔的基本结构原理和操作方法。
(2) 熟悉吸收的实验流程并掌握基本的实验方法。
(3) 在不同空塔气速下，观察填料塔的流体力学状态，测定气体通过填料层的压力降与气速的关系曲线，确定填料塔的液泛速度。
(4) 掌握吸收传质系数的测定方法，测定空塔气速或液体流量对吸收传质系数的影响。

填料吸收塔的力学性能和传质性能测定实验

2. 基本原理

(1) 填料塔的流体力学性能　填料塔是一种气液传质设备。填料的主要作用是增加气-液两相的接触面积，而气体在通过填料层时，由于有局部阻力和摩擦阻力而产生压力降。填料塔的流体力学性能包括压力降和液泛规律。准确测定流体通过填料层的压力降对计算流体通过填料层所需的动力十分重要；掌握液泛规律确定填料塔的适宜操作范围，选择适宜的气液负荷，对于填料塔的操作和设计更是一项非常重要的内容。

填料层压力降与液体喷淋量及气速有关。在一定的气速下，液体喷淋量越大，压力降越大；在一定的液体喷淋量下，气速越大，压力降也越大。将不同液体喷淋量下的单位填料层高度的压力降 $\Delta p/z$ 与空塔气速 G' 的关系标绘在对数坐标纸上，可得到如图 4-13-1 所示的曲线簇。图中，直线 a 表示无液体喷淋时，干填料的 $\Delta p/z$-G' 关系，称为干填料压降线；曲线 b_1、b_2、b_3 表示不同液体喷淋量（L_1，L_2，L_3）下，填料层的 $\Delta p/z$-G' 关系，称为填料操作压降线。

从图 4-13-1 中可看出，在一定的喷淋量下，压力降随空塔气速的变化曲线大致可分为三段：当气速低于 c 点时，气体流动对液膜的曳力很小，液体流动不受气流的影响，填料表面上覆盖的液膜厚度基本不变，因而填料层的持液量不变，该区域称为恒持液量区。此时 $\Delta p/z$-G' 为一直线，位于干填料压降线的左侧，且基本上与干填料压降线平行。当气速超过 c 点时，气体对液膜的曳力较大。对液膜流动产生阻滞作用使液膜增厚，填料层的持液量随气速的增加而增大，此现象称为拦液。开始发生拦液现象时的空塔气速称为载点气速，曲线上的转折点 c，称为载点。若气速继续增大，到达图中 d 点时，由于液体不能顺利向下流动，使填料层的持液量不断增大，填料层内几乎充满液体。气速增加很小便会引起压力降的剧增，此现象称为液泛，开始发生液泛现象时的气速称为泛点气速，以 G_F 表示，曲线上的点 d，称为泛点。从载点到泛点的区域称为载液区，泛点以上的区域称为液泛区。当空塔气速超过泛点气速时将发生液泛现象。此时，液相充满塔内，液体由分散相变为连续相；气相则以气泡形式通过液层，由连续相变为分散相。在液泛状态下，气流出现脉动，液体被大量带出塔顶，塔的操作极不稳定，甚至会被破坏。填料塔在操作中，应避免液泛现象的发生。

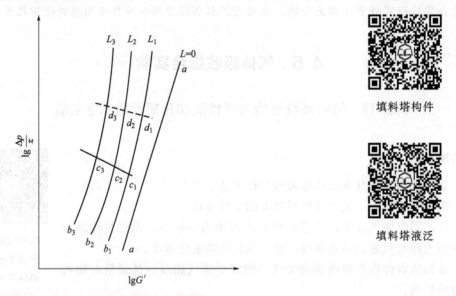

图 4-13-1　填料塔流体力学性能

（2）吸收传质系数　吸收是分离混合气体时利用混合气体中各组分在吸收剂中的溶解度不同达到分离的一种方法。不同的组分在不同的吸收剂、吸收温度、液气比、吸收剂进口浓度条件下，吸收速率是不同的。吸收操作是气液两相之间的接触传质过程，吸收操作的成功与否，在很大程度上取决于吸收剂的性质，特别是吸收剂与气体混合物之间的相互平衡关系。在吸收过程的研究中，常用传质系数评价吸收效果和吸收塔的传质能力。

传质系数的测定一般在已知内径和填料层高度的实验设备上或生产装置上进行，用实际操作的物系，选择一定的操作条件进行实验。在定态操作状况下，测得进、出口处气、液的流量及组成，根据物料衡算及平衡关系算出吸收负荷及平均推动力，再根据具体设备的尺寸计算出填料层高度及体积，即可计算出总传质系数。

① 气相总传质系数的计算。实验研究中常用水逆流吸收空气-氨气（或空气-丙酮、空气-二氧化碳）混合气体中的氨气（或丙酮、二氧化碳），实验所用混合气体中被吸收气体的浓度很低，吸收所得的溶液浓度也不高，气液两相的平衡关系近似认为服从亨利定律，故可用对数平均浓度差法进行计算。根据吸收速率方程，填料层高度的计算式为

$$H = \frac{G_B}{K_Y a} \frac{Y_1 - Y_2}{\Delta Y_m} \tag{4-13-1}$$

$$K_Y a = G_B (Y_1 - Y_2)/(H \Delta Y_m) \tag{4-13-2}$$

$$\Delta Y_m = (\Delta Y_1 - \Delta Y_2)/[\ln(\Delta Y_1/\Delta Y_2)] \tag{4-13-3}$$

式中，$K_Y a$——以 ΔY_m 为推动力的气相总传质系数，$kmol/(h \cdot m^2)$；H——填料层高度，m；Y_1、Y_2——进、出塔气体浓度；G_B——进塔空气的摩尔流量，$kmol/(h \cdot m^3)$；ΔY_m——气相平均推动力；ΔY_1、ΔY_2——填料层下、上两端端面气相推动力。

② 空气流量的计算。实验常用转子流量计的刻度是按照空气在规定条件下（20℃，1atm）标定的。因此在实际操作条件下，要根据不同的介质和实验环境对流量计的读数予以校正，换算成标准状态下的体积流量。标准状态下空气流量 V_0 由式（4-13-4）计算。

$$V_0 = (V^* T_0/p_0)\sqrt{p_1 p_2/(T_1 T_2)} \tag{4-13-4}$$

式中，V^*——实验时转子流量计的读数，m^3/h；T_0、p_0——标准状态下空气的温度、压力，$T_0=273K$，$p_0=1013kPa$；T_1、p_1——标定状态下空气的温度、压力，$T_1=293K$，$p_1=1013kPa$；T_2、p_2——实验条件下空气的温度、压力，单位分别为 K 和 kPa。

空气的摩尔流量为

$$G_B = V_0/(22.4A) \tag{4-13-5}$$

式中，A——塔的截面积，m^2。

③ 入塔气浓度 Y_1 的确定。根据实验选用的装置情况，可以通过不同的方式确定入塔气的浓度，如水吸收氨气的实验装置可通过氨气流量与空气流量计算得出入塔气的浓度 Y_1，水吸收二氧化碳或水吸收丙酮的实验装置可采用色谱在线监测浓度法或实时取样色谱分析法进行浓度的检测分析。

a. 以氨气与空气的混合气为例，Y_1 可以根据氨气流量的计算推导得到。

$$Y_1 = V_{0,NH_3}/V_0 \tag{4-13-6}$$

式中，V_0——实验时混合入塔气转子流量计的读数，m^3/h；V_{0,NH_3}——标准状态下氨气的流量，m^3/h。

V_{0,NH_3} 可用式（4-13-7）计算，即

$$V_{0,NH_3} = (V^*_{NH_3} T_0/p_0)\sqrt{\left(\frac{\rho}{\rho_{NH_3}}\right) p_1 p_2/(T_1 T_2)} \tag{4-13-7}$$

式中，$V^*_{NH_3}$——实验时氨气转子流量计的读数，m^3/h；ρ——标准状态下空气的密度，$\rho=1.293kg/m^3$；ρ_{NH_3}——标定状态下氨气的密度，$\rho_{NH_3}=0.771kg/m^3$。

b. 对于空气中混入丙酮、二氧化碳等不易通过直接流量计算的气体，可采用色谱分析

监测浓度,将其直接换算成气体的浓度即可。

④ 出塔气浓度 Y_2 的确定。在实验研究中,出塔气浓度 Y_2 的确定和入塔气浓度 Y_1 的确定方式基本一致,一般采用化学分析法或色谱分析法。

a. 对于用水吸收氨气的实验,可直接用化学滴定法进行检测,即在尾气吸收瓶中加入体积为 V_S(mL)、浓度为 N_S(mol/L)的硫酸溶液,再滴入 3~4 滴甲基红指示剂,并加入少量的蒸馏水。当尾气通过吸收管时,氨气被硫酸吸收,空气由湿式气体流量计计量,当吸收刚好达到终点时(指示液由红变黄),被吸收的氨气体积(标准状态下)和湿式流量计测得的空气体积(标准状态下)之比即为 Y_2。

$$Y_2 = V_{2,NH_3}/V_{空} \tag{4-13-8}$$

其中

$$V_{空} = V_2 p_2 T_0/(p_0 T_2) \tag{4-13-9}$$

$$V_{2,NH_3} = 22.4 N_S V_S$$

式中,V_2——湿式流量计的读数,mL;p_2——实验研究时的大气压力(表压),Pa;T_2——实验研究时的流量计处的温度,K;p_0——标准大气压,Pa;T_0——标准状态下的温度,K。

b. 对于空气中混入丙酮、二氧化碳等不易通过直接流量计算的气体,可按照与入塔气浓度相同的测试方法,采用色谱分析监测浓度,将其直接换算成气体的浓度即可。

3. 实验装置

(1) 丙酮、空气-水吸收实验装置 根据实验需要,对于以清水吸收空气中混入的丙酮蒸气的实验研究,可按以上原理推导出实验所需测量仪表与吸收塔、液体高位槽、管道加热器、丙酮储罐、压力定值器、空气压缩机以及阀门、管件等,它们组成的实验装置如图 4-13-2 所示。

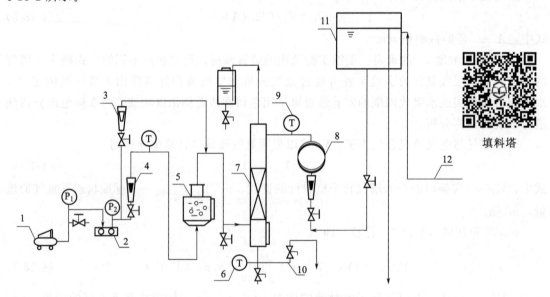

图 4-13-2 丙酮吸收实验装置

1—压缩机;2—压力定值器;3、4—流量计;5—丙酮储罐;6—出口温度表;7—吸收塔;
8—加热器;9—进口温度表;10—液封装置;11—水储罐;12—吸收剂(水)

(2) 氨气、空气-水吸收实验装置 氨气属于易溶于水的气体，根据这一原理设计的氨气、空气-水吸收实验装置如图 4-13-3 所示。填料塔的塔体一般采用圆柱形透明材质制作，塔高不低于 1.5m，塔径不小于 100mm。塔内主要部件有液体分布器、填料支撑架、气体分布器等。实验用填料多采用规整填料或散堆填料。空气在管路中与氨气混合进入吸收塔的塔底，水从塔顶喷淋而下，混合气体在塔中经水吸收后，尾气从塔顶排出，吸收废液从塔底排出。

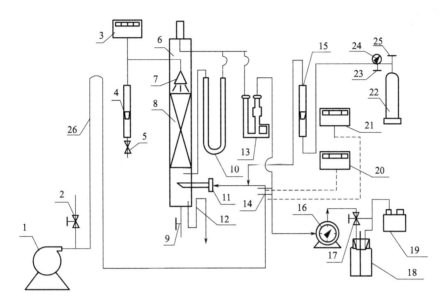

图 4-13-3 氨气-空气-水吸收实验装置

1—旋涡气泵；2—旁通阀；3—液体温度表；4—液体流量计；5—进水流量调节阀；6—吸收塔；7—液体分布器；8—填料支撑架；9—塔釜排液阀；10—U形管压差计；11—进气管；12—液封；13—吸收瓶；14—孔板流量计；15—氨气流量计；16—湿式流量计；17—三通阀；18—缓冲瓶；19—真空泵；20—空气流量显示仪；21—气体温度表；22—氨气瓶；23—氨气减压阀；24—氨气压力表；25—氨气瓶总阀；26—π形管

(3) 二氧化碳、空气-水吸收-解吸实验装置 二氧化碳在水中的溶解度较低，在实验条件改变时容易从液体中解吸。所以常将二氧化碳吸收与解吸过程融为一套联合实验装置进行实验研究，其实验装置流程如图 4-13-4 所示。该实验装置有两个塔，其中一个是填料吸收塔，另一个是填料解吸塔。空气在管路中与来自钢瓶的二氧化碳混合后进入吸收塔的塔底。水从塔顶喷淋而下，混合气体在塔中经水吸收后，尾气从塔顶排出，而吸收了二氧化碳的液体从塔底排出；中间增压泵把该液体输送到解吸塔。从解吸塔顶部喷淋而下，新鲜的空气从解吸塔底部进入塔中，液体中的二氧化碳被解吸出来，从解吸塔塔顶排出，进入空气中。经过解吸的液体从塔底排出，进入水槽，可循环用作吸收塔的吸收剂。在本实验过程中，水是循环使用的。

4. 实验操作要点

(1) 填料吸收塔的操作

① 开车时，一般宜先用泵从塔顶泵入吸收剂，然后从塔底送入气体，以免未经吸收的气体被送入后续工序或送入大气中。同理，在整个运转过程中都有吸收剂进料，一旦进料中断，混合气也应立即停止进料。

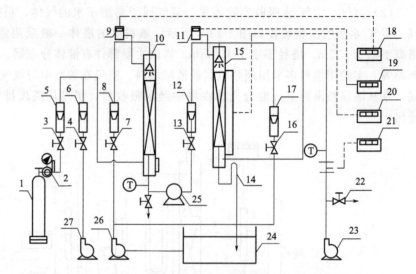

吸收-解吸流程

图 4-13-4　二氧化碳、空气-水吸收-解吸实验装置

1—CO_2 钢瓶；2—减压阀；3、4、7、13、16—流量调节阀；5—CO_2 流量计；6—空气流量计；8、17—水流量计；9、11—吸收、解吸尾气传感器；10—填料吸收塔；12—流量计；14—液封；15—填料解吸塔；18、19—CO_2 浓度显示表；20—压差显示表；21—孔板压差显示表；22—旁路调节阀；23—旋涡气泵；24—水槽；25—中间增压泵；26—水泵；27—空气压缩机

② 填料吸收塔在每次开车时，最好先做一次预液泛，让填料充分被润湿，提高填料层的利用率。

③ 要使吸收过程尽快达到稳定，首先必须竭力让进塔的各股物料的流量、浓度、温度保持稳定。精馏塔操作的稳定与否可借助温度来判断，而吸收塔操作的稳定性则依据组成判断。为判断过程的稳定性，一般只需反复考察某个过程变化比较敏感的组成即可。

④ 确定填料吸收塔的液体流量时，一定要考虑最小喷淋密度的经验数据。当实际喷淋密度小于最小喷淋密度时，表面上塔照常运转，但塔效率将明显下降。最小喷淋密度可由经验公式计算或从有关专著中查出。

(2) 吸收实验操作推荐步骤

① 开启实验装置前先熟悉装置和实验物料，检查管路连接是否正确，吸收剂、混合气体的管路、阀门是否有泄漏，确保无误后方可开启装置进行实验研究。

② 应确保体系的吸收剂先开启到最大流量，并保证塔底有一定量液封。

③ 开启混合气体中惰性气体气源（一般空气，如开启空气压缩机、鼓风机等）和被吸收气体气源，从小到大进行调节流量。

④ 调节混合气体的组成和流量，通过在线浓度监测或取样检测的方式测试入塔气浓度，调节合适的吸收剂浓度，控制吸收剂入塔温度，对吸收后的尾气进行在线浓度监测或取样浓度检测，即可得出某一状态下的传质系数。

⑤ 改变吸收剂流量、温度及混合气流、浓度等进行系列实验研究。

⑥ 实验结束，先关闭被吸收气体气源，再关闭混合气总阀，最后关闭吸收剂进口阀门。

5. 注意事项

(1) 当改变实验状态后需要稳定一定时间才能在线浓度监测或取样检测，在对气体进、

出口 Y_1 和 Y_2 分别取样分析时,为使实验数据准确,一般先取 Y_2,后取 Y_1。

(2) 混合气体流量计在实验过程中一般需要校正,其校正公式为

$$\frac{G}{G_N}=\sqrt{\frac{\rho_N(\rho_f-\rho)}{\rho(\rho-\rho_N)}}\approx\sqrt{\frac{\rho_N}{\rho}}=\sqrt{\frac{p_N T}{T_N p}}$$

式中,G_N——气体在标准状态下的体积流量,m^3/h。

(3) 气体须经一个高于吸收塔填料层顶端的倒 U 形管进入塔内,目的是避免因操作失误而发生液体流入风机的情况;塔底吸收液排出管路也要设计成倒 U 形,目的是防止气相短路,起到液封的作用。

(4) 采用丙酮、氨气作为吸收对象时,尾气一定要进行无害化处理后才能排放到室外。

6. 数据处理与分析

(1) 原始数据记录,记录表可参考"化工原理实验原始数据记录册"。
(2) 将实验数据整理在数据表中,并用其中一组数据写出计算过程。
(3) 在双对数坐标纸上绘制 $\Delta p/z$-G 关系图,确定某一喷淋流量下的载点、泛点气速。
(4) 对比不同吸收过程中的 $K_Y a$ 或 $K_X a$ 值进行比较讨论;对 Y_2 和回收率 φ_A 进行比较讨论;对物料衡算的结果进行分析讨论。

思考题

1. 流体通过干填料压降与湿填料压降有什么异同?
2. 填料塔中气液两相的流动特点是什么?填料塔的液泛和哪些因素有关?
3. 填料吸收塔塔底为什么要有液封装置?
4. 填料的作用是什么?
5. 水吸收氨、二氧化碳和空气中的丙酮蒸气各属于什么控制?
6. 从传质推动力和传质阻力两方面分析吸收剂流量和吸收剂温度对吸收过程的影响。
7. 若气体温度与吸收液温度不同,应按哪个温度计算亨利系数?
8. 列举几种化工生产中用到的吸收设备。

4.6 干燥综合实验

实验14 洞道干燥操作与干燥速率测定实验

1. 实验目的

(1) 了解洞道式循环干燥器的基本流程、工作原理和操作技术。
(2) 学习测定物料在恒定干燥条件下干燥曲线的实验方法。
(3) 掌握根据实验干燥曲线求取干燥速率曲线以及恒速阶段干燥速率、临界含水量、平衡含水量的实验分析方法。

洞道干燥操作与干燥速率测定实验

(4) 实验研究干燥条件对干燥过程特性的影响。

2. 基本原理

在设计干燥器的尺寸或确定干燥器的生产能力时，被干燥物料在给定干燥条件下的干燥速率、临界湿含量和平衡湿含量等干燥特性数据是最基本的技术依据参数。由于实际生产中被干燥物料的性质千变万化，因此对于大多数具体的被干燥物料而言，其干燥特性数据常常需要通过实验测定。

按干燥过程中空气状态参数是否变化，可将干燥过程分为恒定干燥条件操作和非恒定干燥条件操作两大类。若用大量空气干燥少量物料，则可以认为湿空气在干燥过程中温度、湿度均不变，再加上气流速度及与物料的接触方式不变，则称这种操作为恒定干燥条件下的干燥操作。

(1) 干燥速率的定义　干燥速率的定义为单位干燥面积（提供湿分汽化的面积）、单位时间内所除去的湿分质量，即

$$U = \frac{\mathrm{d}W}{A\mathrm{d}\tau} = -\frac{G_c \mathrm{d}X}{A\mathrm{d}\tau} \tag{4-14-1}$$

式中，U——干燥速率，又称干燥通量，$kg/(m^2 \cdot s)$；A——干燥表面积，m^2；W——汽化的湿分量，kg；τ——干燥时间，s；G_c——绝干物料质量，kg；X——物料湿含量，kg湿分/kg干物料，负号表示X随干燥时间的增加而减少。

(2) 干燥速率的测定方法　将湿物料试样置于恒定气流中进行干燥实验，随着干燥时间的延长，水分不断汽化，湿物料质量减少。记录物料不同时间下的质量G，直到物料质量不变为止，也就是物料在该条件下达到干燥极限为止。此时留在物料中的水分就是平衡水分X^*，再将物料烘干后称重得到绝干物料质量G_c，则物料中瞬间含水率X为

$$X = \frac{G - G_c}{G_c} \tag{4-14-2}$$

计算出每一时刻的瞬间含水率X，然后将X对干燥时间τ作图，得图4-14-1，即为干燥曲线。

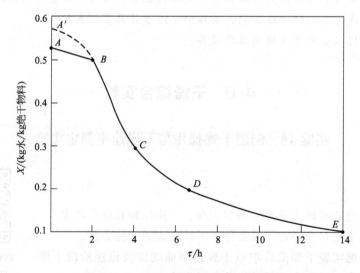

图 4-14-1　恒定干燥条件下的干燥曲线

上述干燥曲线还可以变换得到干燥速率曲线。由已测得的干燥曲线求出不同 X 下的斜率 $dX/d\tau$，再由式（4-14-1）计算得到干燥速率 U，将 U 对 X 作图，就是干燥速率曲线，如图 4-14-2 所示。

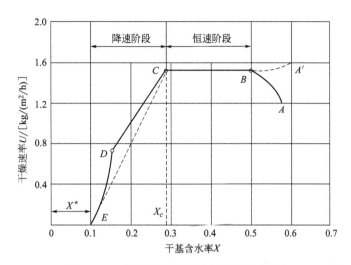

图 4-14-2　恒定干燥条件下的干燥速率曲线

（3）干燥过程的分析

① 预热段。见图 4-14-1、4-14-2 中的 AB 段或 $A'B$ 段。物料在预热段中，含水率略有下降，温度则升至湿球温度 t_w，干燥速率可能呈上升趋势变化，也可能呈下降趋势变化。预热段经历的时间很短，通常在干燥计算中忽略不计，有些干燥过程甚至没有预热段。

② 恒速干燥阶段。见图 4-14-1、4-14-2 中的 BC 段。该段物料水分不断汽化，含水率不断下降。但由于这一阶段去除的是物料表面附着的非结合水分，水分去除的机理与纯水的相同，故在恒定干燥条件下，物料表面始终保持为湿球温度 t_w，传质推动力保持不变，因而干燥速率也不变。于是，在图 4-14-2 中，BC 段为水平线。

只要物料表面保持足够湿润，物料的干燥过程中总有恒速阶段。而该段的干燥速率大小取决于物料表面水分的汽化速率，亦即取决于物料外部的空气干燥条件，故该阶段又称为表面汽化控制阶段。

③ 降速干燥阶段。随着干燥过程的进行，水分自物料内部向表面迁移的速率小于物料表面水分汽化速率，物料表面不能维持充分润湿，物料表面局部出现干区，尽管此时物料其余表面的平衡蒸气压仍与纯水的饱和蒸气压相同，传质推动力也仍为湿度差，但以物料全部外表面计算的干燥速率因干区的出现而降低，此时物料中的含水率称为临界含水率，用 X_c 表示，对应图 4-14-2 中的 C 点，称为临界点。过 C 点以后，干燥速率逐渐降低至 D 点，C 至 D 阶段称为降速第一阶段。

干燥到 D 点时，物料全部表面都成为干区，汽化面逐渐向物料内部移动，汽化所需的热量必须通过已被干燥的固体层才能传递到汽化面；从物料中汽化的水分也必须通过这层干燥层才能传递到空气主流中。干燥速率因热、质传递的途径加长而下降。此外，在 D 点以后，物料中的非结合水分已被除尽。接下来所汽化的是各种形式的结合水，因而，平衡蒸气压将逐渐下降，传质推动力减小，干燥速率也随之较快降低，直至到达 E 点时，速率降为零。这一阶段称为降速第二阶段。

降速阶段干燥速率曲线的形状随物料内部的结构而异,不一定都呈现前面所述的曲线 CDE 形状。对于某些多孔性物料,降速阶段曲线只有 CD 段;对于某些无孔性吸水物料,汽化只在表面进行,干燥速率取决于固体内部水分的扩散速率,故降速干燥阶段只有类似 DE 段的曲线。

与恒速干燥阶段相比,降速干燥阶段从物料中除去的水分量相对少许多,但所需的干燥时间却长得多。总之,降速干燥阶段的干燥速率取决于物料本身结构、形状和尺寸,而与干燥介质状况关系不大,故降速干燥阶段又称物料内部迁移控制阶段。

3. 实验装置

(1) 实验装置基本情况

① 洞道尺寸:1160mm×190mm×240mm。

② 加热功率:500~1500W;空气流量:1~5m³/min;干燥温度:40~120℃。

③ 重量传感器显示仪:量程 0~200g。

④ 干球温度计、湿球温度计显示仪:量程 0~150℃。

⑤ 孔板流量计处温度计显示仪:量程 0~100℃。

⑥ 孔板流量计压差变送器和显示仪:量程 0~10kPa。

(2) 洞道式干燥器实验装置流程(图 4-14-3)

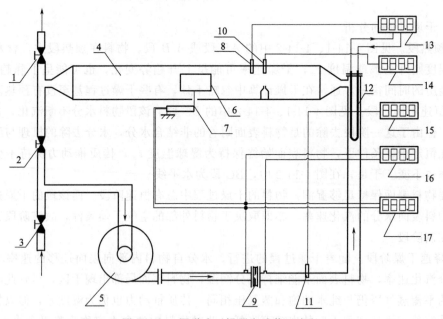

图 4-14-3 洞道式干燥器实验装置流程

1—废气排出阀;2—废气循环阀;3—空气进气阀;4—洞道干燥器;5—风机;6—干燥物料;7—重量传感器;
8—干球温度计;9—孔板流量计;10—湿球温度计;11—空气进口温度计;12—加热器;13—干球温度显示仪表;
14—湿球温度显示仪表;15—进口温度显示仪表;16—流量压差显示仪表;17—重量显示仪表

4. 实验操作要点

(1) 将干燥物料(帆布)放入水中浸湿,将放湿球温度计纱布的烧杯装满水。

(2) 调节送风机吸入口的蝶阀到全开的位置后启动风机。

(3) 通过废气排出阀和废气循环阀调节空气到指定流量后,开启加热电源。在智能仪表中设定干球温度，仪表自动调节到指定的温度。

（4）在空气温度、流量稳定的条件下，读取重量传感器测定支架的重量并记录下来。

（5）把充分浸湿的干燥物料（帆布）固定在重量传感器上并将气流平行放置。

（6）在系统稳定状况下，记录每隔一定干燥时间（例如 2min）干燥物料减轻的重量，直至干燥物料的重量不再明显减轻为止。

（7）改变空气流量和空气温度，重复上述实验步骤并记录相关数据。

（8）实验结束时，先关闭加热电源，待干球温度降至常温后关闭风机电源和总电源，一切复原。

5. 注意事项

（1）重量传感器的量程为 0～200g，精度比较高，所以在放置干燥物料时务必轻拿轻放，以免损坏或降低重量传感器的灵敏度。

（2）当干燥器内有空气流过时才能开启加热装置，以避免干烧损坏加热器。

（3）干燥物料要保证充分浸湿但不能有水滴滴下，否则将影响实验数据的准确性。

（4）实验进行中不要改变智能仪表的设置。

6. 数据处理与分析

（1）绘制干燥曲线（失水量-时间关系曲线）。

（2）根据干燥曲线作干燥速率曲线。

（3）读取物料的临界湿含量。

（4）对实验结果进行分析讨论。

思考题

1. 什么是恒定干燥条件？本实验装置中采用哪些措施来保持恒定干燥条件？
2. 控制恒速和降速干燥阶段干燥速率的因素分别是什么？
3. 为什么要先启动风机，再启动加热器？实验过程中干、湿球温度是否变化？为什么？如何判断实验已经结束？
4. 若加大热空气流量，干燥速率曲线有何变化？恒速干燥速率、临界湿含量又如何变化？为什么？

实验 15　流态化与流化床干燥速率曲线测定实验

1. 实验目的

（1）了解流化床的基本流程及操作方法。

（2）掌握流化床流化曲线的测定方法，测定流化床床层压降与气速的关系曲线。

（3）测定物料含水量及床层温度随时间变化的关系曲线。

流态化与流化床干燥
速率曲线测定实验

（4）掌握物料干燥速率曲线的测定方法，测定干燥速率曲线，并确定临界含水量及恒速干燥阶段的传质系数及降速干燥阶段的比例系数。

2. 基本原理

（1）流化曲线 在实验中，可以通过测量不同空气流量下的床层压降，得到流化床床层压降与气速的关系曲线（图 4-15-1）。

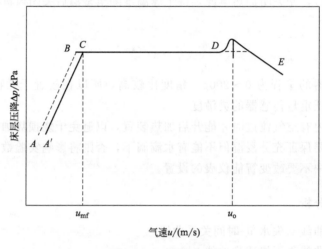

图 4-15-1 流化曲线

当气速较小时，操作过程处于固定床阶段（AB 段），床层基本静止不动，气体只能从床层空隙中流过，压降与流速成正比，斜率约为 1（在双对数坐标系中）。当气速逐渐增加（进入 BC 段），床层开始膨胀，空隙率增大，压降与气速的关系将不再成比例。

当气速继续增加，进入流化阶段（CD 段），固体颗粒随气体流动而悬浮运动，随着气速的增加，床层高度逐渐增加，但床层压降基本保持不变，等于单位面积的床层净重。当气速增大至某一值后（D 点），床层压降将减小，颗粒逐渐被气体带走，此时，便进入了气流输送阶段。D 点处的流速被称为带出速度（u_o）。

在流化状态下降低气速，压降与气速的关系线将沿图中的 DC 线返回至 C 点。若气速继续降低，曲线将无法按 CBA 继续变化，而是沿 CA' 变化。C 点处的流速被称为起始流化速度（u_{mf}）。

在生产操作过程中，气速应介于起始流化速度与带出速度之间，此时床层压降保持恒定，这是流化床的重要特点。据此，可以通过测定床层压降来判断床层流化的优劣。

（2）干燥特性曲线 将湿物料置于一定的干燥条件下，测定被干燥物料的质量和温度随时间变化的关系，可得到物料含水量（X）与时间（τ）的关系曲线及物料温度（t）与时间（τ）的关系曲线（图 4-15-2）。物料含水量与时间关系曲线的斜率即为干燥速率（U）。将干燥速率对物料含水量作图，即为干燥速率曲线（图 4-15-3）。干燥过程可分以下三个阶段。

① 物料预热阶段（AB 段）

在开始干燥时，有一较短的预热阶段，空气中部分热量用来加热物料，物料含水量随时间变化不大。

② 恒速干燥阶段（BC 段）

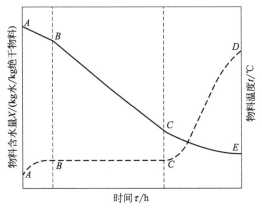

图 4-15-2 物料含水量、物料温度与时间的关系

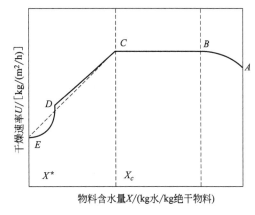

图 4-15-3 干燥速率曲线

由于物料表面存在自由水分,物料表面温度等于空气的湿球温度,传入的热量只用来蒸发物料表面的水分,物料含水量随时间成比例减少,干燥速率恒定且最大。

③ 降速干燥阶段（CDE 段）

物料含水量减少到某一临界含水量（X_c），由于物料内部水分的扩散慢于物料表面的蒸发，不足以维持物料表面润湿，而形成干区，干燥速率开始降低，物料温度逐渐上升。物料含水量越小，干燥速率越慢，直至达到平衡含水量（X^*）而终止。

干燥速率为单位时间在单位面积上汽化的水分量，用微分式表示为

$$U=\frac{\mathrm{d}W}{A\mathrm{d}\tau} \tag{4-15-1}$$

式中，U——干燥速率，kg 水/(m² · s)；A——干燥表面积，m²；τ——相应的干燥时间，s；W——汽化的水分量，kg。

图 4-15-3 中的横坐标 X 为对应于某干燥速率下湿物料的平均含水量

$$\overline{X}=\frac{X_i+X_{i+1}}{2} \tag{4-15-2}$$

式中，$\overline{X}$——某一干燥速率下湿物料的平均含水量；X_i、X_{i+1}——$\Delta\tau$ 时间间隔开始和终止时的含水量，kg 水/kg 绝干物料。

$$X_i=\frac{G_{si}+G_{ci}}{G_{ci}} \tag{4-15-3}$$

式中，G_{si}——第 i 时刻取出的湿物料的质量，kg；G_{ci}——第 i 时刻取出的物料的绝干质量，kg。

干燥速率曲线只能通过实验测定，因为干燥速率不仅取决于空气的性质和操作条件，而且还受物料性质结构及含水量的影响。

3. 实验装置

(1) 实验装置基本情况

① 流化床干燥器（玻璃制品）。

② 流化床层直径 D：Φ80mm×2.5mm 流化床气流分布器；30 目不锈钢丝网。

③ 床层有效流化高度 H：100mm（固料出口）；总高度：530mm。

④ 物料：变色硅胶（粒径 1.0~1.6mm）。

⑤ 每次实验用量：200~350g（加水量 30~40mL）。

⑥ 绝干物料比热容 $C_s = 0.783 \text{kJ}/(\text{kg} \cdot \text{℃})$ （$t = 57$℃）。

(2) 实验装置流程（图 4-15-4）

空气流量测定用孔板流量计（孔径 17.0mm）。

其中，测量时需进行校正

$$V_0/(\text{m}^3/\text{s}) = C_0 A_0 \sqrt{\frac{2}{\rho}(p_1 - p_2)} \tag{4-15-4}$$

式中，C_0——孔板流量计的流量系数，$C_0 = 0.67$；ρ——空气在 t_0 时的密度，kg/m³；$p_1 - p_2$——流量计处压差，Pa；V_0——流量计处的体积流量。

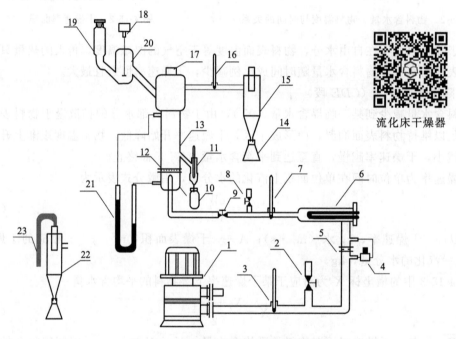

图 4-15-4 流化床干燥实验流程示意图

1—旋涡气泵；2—旁路阀（空气流量调节阀）；3—温度计（测气体进流量计前的温度）；4—压差计；5—孔板流量计；6—空气预热器（电加热器）；7—空气进口温度计；8—放空阀；9—进气阀；10—出料接收瓶；11—出料温度计；12—分布板（30 目不锈钢丝网）；13—流化床干燥器（玻璃制品）；14—粉尘接收瓶；15—旋风分离器；16—干燥器出口温度计；17—取干燥器内剩料插口；18—带搅拌器的直流电机（进固料用）；19—原料（湿固料）瓶；20—进料瓶；21—塔压差计；22—干燥器内剩料接收瓶；23—吸干燥器内剩料用的吸管（可移动）

若设备的气体进口温度与流量计处的气体温差较大，两处的体积流量是不同的（例如流化床干燥器），此时体积流量需用气体状态方程进行校正（空气在常压下操作时通常使用理想气体状态方程）。例如流化床干燥器，气体的进口温度为 t_1，流量计读数为 $V(\text{m}^3/\text{h})$，气体进口温度的平均值为 t_m，则体积流量 V_1 为

$$V_1 = V \frac{273 + t_1}{273 + t_m} \tag{4-15-5}$$

4. 实验操作要点

(1) 实验前的准备和检查工作

① 按流程图检查设备、仪器及仪表是否完好。

② 按照快速水分测定仪说明书要求,调整好水分测定仪冷热零点待用。

③ 将硅胶筛分所需粒径放入流化床干燥器,并缓慢加入适量水搅拌均匀,在工业天平上称取所用重量,备用。

④ 空气流量调节阀 2 打开,放空阀 8 打开,进气阀 9 关闭(图 4-15-4)。

⑤ 向干、湿球温度计的水槽内灌水,使湿球温度计处于正常状况。

⑥ 使用秒表计时。

⑦ 记录下流程上所有温度计的温度值。

(2) 实验操作

① 从准备中的湿料中取出多于 10g 的物料,用快速水分测定仪测出干燥器的物料湿度 w_1。

② 调节流量到指定读数。接通预热器电源,将其电压逐渐升高到 100V 左右加热空气。当干燥器的气体进口温度接近 60℃时,打开进气阀 9,关闭放空阀 8,调节旁路阀 2 使流量计读数恢复至规定值。同时,向干燥器通电,保持电压大小以在预热阶段维持干燥器出口温度接近于进口温度为准。

③ 启动风机后,进气阀尚未打开前将湿物料倒入原料瓶,准备出料接收瓶。

④ 待空气进口温度(60℃)和出口温度基本稳定时记录有关数据,包括干、湿球温度计的数值。启动直流电机,调速到指定值,开始进料。同时按下秒表记录进料时间,观察固料的流化状况。

⑤ 加料后注意维持进口温度 t_1 不变、保温电压不变、气体流量计读数不变。

⑥ 操作到有固料从出料口连续溢流时按下秒表,记录出料时间。

⑦ 连续操作 30min 左右。期间每间隔一定时间(例如 5min)记录相关数据,包括固料出口温度 t_2。对数据进行处理时,取操作基本稳定后的多次记录数据的平均值。

⑧ 当结束干燥实验时,关闭直流电机旋钮停止加料,同时停秒表,记录加料时间和出料时间,打开放空阀 8,关闭进气阀 9,切断加热和保温电源。

⑨ 将干燥器出口物料进行称量,测出湿度 w_2 值(方法同 w_1)。放下加料器内剩下的湿物料称重量,确定实际加料量和出料量。并用旋涡气泵吸气方法取出干燥器内剩余物料,称出重量。

⑩ 关停风机,一切复原。

5. 注意事项

(1) 干燥器外壁带电,操作时严防触电,平时玻璃表面应保持洁净。

(2) 实验前准备应记录的数据并绘制表格,掌握快速水分测定仪的正确使用方法,会正确测取固料进、出料水分湿含量。

(3) 实验中风机旁路阀门不要全关。放空阀实验前后应全开,实验中应全关。

(4) 加料直流电机电压控制不能超过 12V,保温电压要缓慢升压。

(5) 注意节约使用硅胶并严格控制加水量,水量不能过大,小于 0.5mm 粒径的硅胶也可用来作为被干燥的物料,只是干燥过程中旋风分离器不易将细粉粒分离干净而被空气带出。

(6) 本实验设备和管路均未严格保温,目的是便于观察流化床内颗粒干燥的过程,所以热损失比较大。

6. 数据处理与分析

(1) 绘制干燥曲线（失水量-时间关系曲线）。
(2) 根据干燥曲线作干燥速率曲线。
(3) 读取物料的临界湿含量。
(4) 绘制床层温度随时间变化的关系曲线。
(5) 对实验结果进行分析讨论。

思考题

1. 什么是恒定干燥条件？本实验装置中采用了哪些措施来保持恒定干燥条件？
2. 控制恒速和降速干燥阶段干燥速率的因素分别是什么？
3. 为什么要先启动风机，再启动加热器？实验过程中床层温度如何变化？为什么？如何判断实验已经结束？
4. 若加大热空气流量，干燥速率曲线有何变化？恒速干燥速率、临界湿含量又如何变化？为什么？

实验 16 喷雾干燥实验

1. 实验目的

(1) 了解喷雾干燥设备流程的基本组成及工艺特点、主要设备的结构及工作原理，掌握其实验装置的操作方法。
(2) 通过喷雾干燥操作，充分了解其特点和适用领域。

2. 基本原理

喷雾干燥器是将溶液、料浆或悬浮液通过喷雾器分散成雾状细滴，这些细滴与热气流以并流、逆流或混合流的方式相互接触，使物料间的水分瞬间脱水得到粉状或球状的颗粒。这种干燥方法不需要将原料预先进行机械分离，且干燥时间很短，因此特别适用于热敏性物料的干燥。料浆雾化是完成该操作的最基本条件，一般依靠喷雾器来完成，本实验采用气流式喷雾器，用高速气流使物料经过喷嘴成雾滴而喷出。干燥室（喷雾室）采用塔式。本实验流程是料浆用蠕动泵压至喷嘴，经喷嘴喷成雾滴而分散在热气流中，雾滴中的水分迅速汽化，成为微粒落至塔底，产品由风机吸至旋风分离器中而被回收。

3. 实验装置

(1) 实验设备主要技术参数

① 干燥器：塔式干燥器，主体不锈钢，带有玻璃视窗。
② 干燥器直径 D：$\Phi 200mm \times 2.5mm$；总高度 750mm（或参考铭牌）。
③ 喷雾器：气流式喷雾器，旋风分离器。

④ 被干燥物料：选用洗衣粉，粒径 1.0～1.6mm。
⑤ 空气流量测定：转子流量计，型号 LZB-40，6～60m³/h（或参考铭牌）。
⑥ 风机：采用旋涡式气泵，型号 XGB-122（或参考铭牌）。
⑦ 数字温度显示仪：宇电 501 519，规格 0～550℃（或参考铭牌）。
⑧ 空气预热器：7.5kW（或参考铭牌）。
⑨ 蠕动泵：BT100-2J（或参考铭牌）。

(2) 实验设备流程示意图（图 4-16-1）

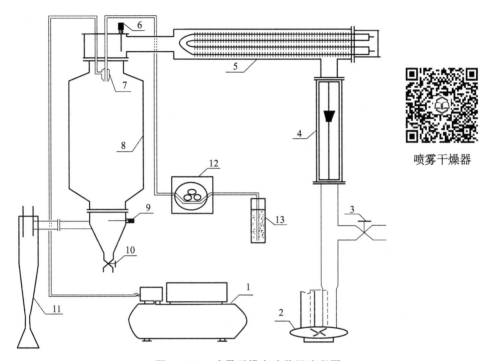

图 4-16-1　喷雾干燥实验装置流程图

1—空气压缩机；2—风机；3—空气流量调节阀；4—空气转子流量计；5—空气换热器；6—空气进口测温；7—喷雾器；8—干燥室；9—空气出口测温；10—排空阀；11—旋风分离器；12—进料泵；13—料罐

4. 实验操作要点

(1) 接通电源，利用进料泵先通入清水，查看喷头出水是否顺畅。

(2) 启动风机，调节空气流量在 40m³/h 左右，打开加热开关，调节干燥器内温度为 250℃。

(3) 启动空气压缩机将空气压缩至一定压力后备用。当温度逐渐升高时保持持续进水，水量为泵表显示在 5～10 之间为宜，这样做的目的是防止进料管温度过高，进料时料液瞬时汽化被反喷出来。

(4) 当干燥室空气进口温度达到 250℃左右时即可开始进物料，进料量控制在进料泵表显示的 7～15 之间。同时打开压缩机的放气阀门，释放压缩到位的气体进入喷头使料浆喷出雾化，瞬时蒸发掉水分形成细小的粉粒，用旋风分离器分离出来，收在三角瓶中；延续此干燥过程，观察干燥塔内物料的干燥状况。

（5）实验结束，将空气加热电压调至零再关闭加热开关，进料浆换成进清水，持续进水5min后关闭进料泵，目的是洗净进料管中残留的物料，防止其凝结堵塞喷嘴。

（6）当干燥器表面已经冷却时，启动进料泵通入大量净水（可达到进料泵表显示最大值100），同时通入压缩气体，水雾化并凝结在干燥器上形成水流，以此对干燥器进行反复清洗；同时，开启干燥器底端的放空阀排掉污水。

5. 注意事项

（1）要先启动风机通入空气之后再开启加热开关，防止干烧。
（2）配制好实验用浆料后要进行过滤，避免物料颗粒过大堵塞喷嘴。
（3）实验结束时要先停止加热，再关闭风机。

6. 数据处理与分析

（1）记录实验技术指标与结构参数。
（2）清楚被干燥颗粒的情况，用高放大倍数的放大镜观察粒子的形状，用粒度测定仪测定粒度分布，在条件不具备的情况下也可用筛分法测定粒度分布。

思考题

1. 为什么在喷雾操作前必须对浆料进行过滤处理？
2. 微型喷雾干燥装置工作的基本原理是什么？

4.7 分离实验

实验17 液-液萃取实验

1. 实验目的

（1）了解液-液萃取设备的结构和特点。
（2）掌握液-液萃取原理及萃取塔的操作方法。
（3）学习和掌握液-液萃取塔传质单元高度或总体积传质系数的测定原理和方法，了解强化传质的方法。

液-液萃取实验

2. 基本原理

液-液萃取（亦称抽提）是利用系统中各组分在溶剂中的溶解度不同来分离液体混合物的一种单元操作。通过在欲分离的液体混合物中加入一种与其不互溶（或微溶）的溶剂，形成两相系统，利用混合液中各组分在两相中溶解度或分配系数的差异，使溶质物质从一种溶剂中转移到另外一种溶剂中的方法。萃取所用的溶剂称为萃取剂，混合液中欲分离的组分称为溶质，混合液中原有的溶剂称为原溶剂。

在萃取设备中,实现液-液萃取的基本要求是液体分散和两液相的相对流动与分层。首先,为了使溶质更快地从原料液进入萃取剂,必须要求两相充分地接触并伴有较高程度的湍动。通常萃取过程中一个液相为连续相,另一个液相以液滴的形式分散在连续的液相中,称为分散相,液滴表面积即为两相接触的传质面积。显然液滴越小,两相的接触面积就越大,传质也越快。其次,分散的两相必须进行相对流动以实现液滴聚集与两相分层。同样,分散相液滴越小,两相的相对流动越慢,聚合分层越困难。因此,上述两个基本要求是互相矛盾的,在进行萃取设备的结构设计和操作参数的选择时,必须统筹兼顾,以找出最适宜的方案。

若两相密度差较大,则液-液萃取操作时,仅依靠液体进入设备时的压力及两相的密度差即可使液体分散和流动;反之,若两相密度差较小,界面张力较大,液滴易聚合不易分散,则液-液萃取操作时,常采用从外界输入能量的方法,如施加搅拌、脉动、振动等以提高两相的相对流速,改善液体分散状况。

桨叶式搅拌萃取塔是种外加能量的萃取设备。在塔内由环行隔板将塔分成若干段,每段的旋转轴上装设有桨叶。在萃取过程中由于桨叶的搅动增加了分散相的分散程度,促进了相际接触表面积的更新与扩大。隔板的作用在一定程度上抑制了轴向返混,因而桨叶式搅拌萃取塔的效率较高。桨叶转速若太高也会导致两相乳化,难以分相。

往复式振动筛板塔(又名 Karr 柱)是一种外加能量的高效液-液萃取设备。在往复式振动筛板塔的塔板通过电动机的偏心轮可以上下往复运动。重相经流量计进入塔底,轻相经流量计进入塔顶。塔体下端一般设计有直径大于塔身的沉降室,可有效延长每相在沉降室内的停留时间,有利于两相分离。在塔内装有一定数量的塔板,塔板开孔率较大,各塔板中间通过连杆连成整体,并通过塔顶电动机的偏心轮选择实现塔板的连续上下往复振动,加速液体的湍动,实现液体更好的分离。

填料萃取塔与精馏和吸收所用的填料塔基本相同,塔内填料的作用可以使液滴不断发生凝聚与再分散,以促进液滴的表面更新,还可以减少连续相的轴向混合,在普通填料萃取塔内,两相依靠密度差而逆向流动,相对速度较小,界面湍动程度低,限制了传质速率的进一步提高。为了防止分散相液滴过多聚结,增加塔内流体的湍动,可连续通入或断续通入压缩空气(脉冲方式)向填料塔提供外加能量,增加液体湍动。当然湍动太厉害,会导致液液两相乳化,难以分离。

萃取塔的传质特性可以用传质单元高度或理论级当量高度(HETS)表示。实验研究一般以水为萃取剂,从煤油中萃取苯甲酸,苯甲酸在煤油中的组成约为 0.2%(质量分数)。水相为萃取相(用字母 E 表示,在本实验中又称连续相、重相),煤油相为萃余相(用字母 R 表示,在本实验中又称分散相)。在萃取过程中苯甲酸部分地从煤油相转移至水相。煤油相及水相的进出口含量由容量分析法测定。考虑水与煤油是完全不互溶的,且苯甲酸在两相中的浓度都很低,可认为在萃取过程中两相液体的体积流量不发生变化。下面介绍传质单元高度的计算。

(1)按萃取相计算的传质单元数 N_{OE}

$$N_{OE} = \int_{Y_{Et}}^{Y_{Eb}} \frac{dY_E}{(Y_E^* - Y_E)} \tag{4-17-1}$$

式中,Y_{Et}——进入塔顶的水相中苯甲酸的质量比组成,kg(A)/kg(S),低浓度萃取时一般取 $Y_{Et}=0$;Y_{Eb}——离开塔底的水相中苯甲酸的质量比组成,kg(A)/kg(S);Y_E——

在塔内某一高度处水相中苯甲酸的质量比组成，kg（A）/kg（S）；Y_E^*——与塔内某一高度处与煤油相组成 X_R 成平衡的水相中苯甲酸的质量比组成，kg（A）/kg（S）；A——溶质（苯甲酸）；S——萃取剂（水）。

用 Y_E-X_R 图上的分配曲线（平衡曲线）与操作线可求得 $\frac{1}{Y_E^* - Y_E}$-Y_E 关系，然后用辛普森数值积分法可求得 N_{OE}。如果分配系数为常数时，可用解析法计算 N_{OE}。

（2）按萃取相计算的传质单元高度 H_{OE}

$$H_{OE} = \frac{H}{N_{OE}} \tag{4-17-2}$$

式中，H——萃取塔的有效高度，m；H_{OE}——按萃取相计算的传质单元高度，m。

（3）按萃取相计算的总体积传质系数

$$K_{Ya} = \frac{q_{m,s}}{H_{OE}\Omega} \tag{4-17-3}$$

式中，$q_{m,s}$——萃取相中纯溶剂的质量流量，kg/h；Ω——萃取塔截面积，m^2；K_{Ya}——按萃取相计算的总体积传质系数，kg/（m^3·h）。

同理，本实验也可以按萃余相计算 N_{OR}、H_{OR} 及 K_{Xa}。

3. 实验装置

萃取实验装置类型比较多，常见的有桨叶式搅拌萃取塔、往复式振动筛板塔和脉冲空气填料萃取塔，其装置结构及流程示意图分别如图 4-17-1～图 4-17-3 所示。

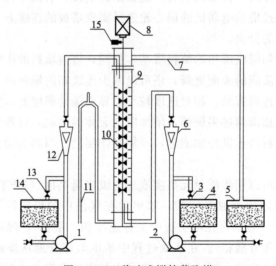

图 4-17-1 桨叶式搅拌萃取塔

1—水泵；2—油泵；3—煤油回流阀；4—煤油原料箱；5—煤油回收箱；6—煤油流量计；7—回流管；8—电动机；9—萃取塔；10—桨叶；11—倒U形管；12—水转子流量计；13—水回流阀；14—水箱；15—转数测定器

4. 实验操作要点

（1）萃取塔的操作

① 萃取塔在开车时，应首先在塔中注满连续相，然后开启分散相，使两相液体在塔中

第4章 化工原理实验项目

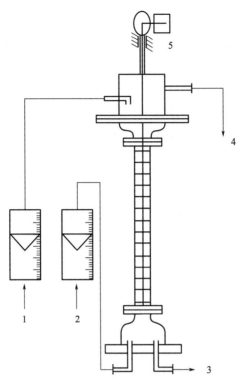

图 4-17-2 往复式振动筛板塔装置

1—重相入口；2—轻相入口；3—重相出口；4—轻相溢出口；5—偏心振动电机

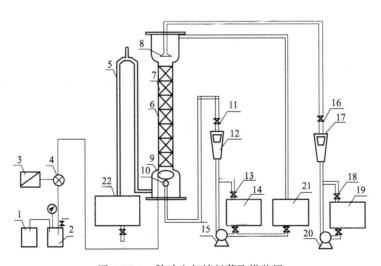

图 4-17-3 脉冲空气填料萃取塔装置

1—压缩机；2—稳压罐；3—脉冲频率调节仪；4—电磁阀；5—倒U形管；6—玻璃萃取塔；7—填料；
8—进水分布器；9—脉冲气体分布器；10—煤油分布器；11—煤油流量调节；12—煤油流量计；
13—煤油泵旁路调节阀；14—煤油储罐；15—煤油泵；16—水流量调节阀；17—水流量计；
18—水泵旁路调节阀；19—水储槽；20—水泵；21—出口煤油储槽；22—出口水储槽

接触传质，分散相液滴必须经凝聚后才能从塔中排出。当轻相作为分散相时，应使分散相在塔顶分层凝聚，并依靠重相出口的Ⅱ形管（上下可以移动）调节两液相的界面维持在适当高度;随着分散相在塔顶的聚集,轻相液体从塔顶排出。当重相作为分散用时,则分散相液滴在塔底的分层段凝聚。两相界面应维持在塔底分层段的某一位置上。

② 萃取塔的液泛。在逆流操作的萃取塔中,分散相和连续相的流量不能任意加大,流量过大,一方面会引起两相接触时间减少,降低萃取效率;另一方面,两相流速加大还将引起流动阻力的增加,当流速增大至某一极限值时,一相因流动阻力的增加而被另一相夹带由其自身入口处流出塔外。这种液体互相夹带的现象称为液泛,此时的速度称为液泛速度。液泛时塔内的正常操作被破坏,因此萃取塔中的实际流体速度必须低于液泛速度。

③ 要使萃取过程尽快达到稳定。首先必须竭力让进塔的各股物料的流量、组成、温度及其他操作条件保持稳定,为判断过程的稳定性,一般只需反复考察某个过程变化比较敏感的组成即可。

从给定操作条件开始,到各种被测量的数值达到与给定的操作条件相对应的稳定值,需要一段稳定时间。这是因为:在塔的有效高度范围内,萃取相与萃余相需要一段时间来建立一套与给定的操作条件对应的沿塔高变化的组成梯度;在塔有效高度的底平面至重相出口组成取样口之间滞留的重相液体,和在塔有效高度的顶平面至轻相出口组成取样口之间滞留的轻相液体,由原来的组成变到与操作条件相对应的组成,也需要一定时间,且滞留的液量越大,所需要的时间越长。

(2) 实验过程操作要点

① 在实验装置的水储槽和煤油储槽内分别放满水和含有苯甲酸的煤油,分别开动水相和煤油相泵的电闸,将两相的回流阀打开,使其循环流动。

② 全开水转子流量计调节阀,将连续相送入塔内。当塔内水面上升到塔上部的分离澄清段时,开启分散相转子流量计。把水、煤油流量调至一定数值,并缓慢调节使塔内两相界面稳定在塔上部的分离澄清段,但不能超过轻相出口。

③ 对桨叶搅拌萃取塔,要开动电动机,适当调节变压器使其转速达到指定值。调速时应慢慢地升速绝不能调节过快致使发动机产生"飞转"而损坏设备。

对于往复式振动筛板塔,缓慢调节偏心振动电机的转速,确保合适的振动状态,避免剧烈振动损坏装置。

对于脉冲空气填料萃取塔,如果做有空气脉冲的实验,要开动脉冲频率仪的开关,将脉冲频率和脉冲空气的压力调到一定数值,进行某脉冲强度下的实验。在该条件下,两相界面不明显,但要注意不要让水相混入油相储槽之中。

④ 操作稳定并且传质达到稳定后,用锥形瓶收集煤油进、出口的样品及水相出口样品并进行浓度分析。

⑤ 取样后,即可改变条件进行另一操作条件下的实验。保持油相和水相流量不变,将搅拌转速或脉冲频率调到另一定数值,进行另一条件下的测定,稳定后进行取样分析。

⑥ 按同样方法,可改变水相和油相的流量、温度、配比条件等进行实验测定。

⑦ 一般推荐采用滴定分析法测定各样品的浓度。对于水相,用移液管取水相样品,以酚酞作指示剂,用合适浓度的 NaOH 标准液滴定样品中的苯甲酸;对于煤油相,用移液管取煤油相样品,然后用量筒再取适量的去离子水,充分摇匀,以酚酞作指示剂,然后用合适浓度的 NaOH 标准液滴定样品中的苯甲酸,要注意边滴边摇。

⑧ 实验完毕后,先关闭两相流量计、搅拌或脉冲频率仪开关,然后关闭泵,切断总电源。滴定分析过的煤油应集中存放回收。洗净分析仪器,一切复原,保持实验台面的整洁。

5. 注意事项

（1）必须弄清装置上每个设备、部件阀门、开关的作用和使用方法，然后再进行实验操作。

（2）在操作过程中，要避免塔顶的两相界面在轻相出口以上，要避免水相混入油相中。

（3）由于分散相和连续相在塔顶、塔底滞留很大。改变操作条件后，稳定时间一定要足够长，否则误差极大；另外在操作过程中要保持两相流量稳定不变。

（4）煤油的实际体积流量并不等于流量计的读数。需用煤油的实际流量数值时，必须用流量修正公式对流量计的读数进行修正。

6. 数据处理与分析

（1）用数据表列出实验的全部数据，并以一组数据进行计算示例，写出水相、油相浓度度及 N_{OE}、H_{OE}、K_{Ya} 等的计算过程。

（2）对不同转速或不同脉冲频率下的塔顶轻相组成 X_{Rt}、塔底重相组成 Y_{Eb} 及 K_{Ya}、N_{OE}、H_{OE} 分别进行比较，并加以讨论。

思考题

1. 在萃取过程中选择连续相及分散相的原则是什么？
2. 在本实验中水相是轻相还是重相？是分散相还是连续相？
3. 重相出口为什么采用倒 U 形管？倒 U 形管的高度是如何确定的？
4. 以桨叶式搅拌萃取塔为例，桨叶搅拌轴的转速对萃取过程有何影响？定性分析一下其对传质单元高度的影响及变化趋势。
5. 什么是萃取塔的液泛？在操作中，如何确定液泛速度？

实验 18 膜分离实验

1. 实验目的

（1）掌握超滤、纳滤、反渗透膜分离技术的基本原理。
（2）掌握超滤膜分离的实验操作技术。
（3）熟悉浓差极化、截流率、膜通量、膜污染等概念。

2. 基本原理

膜分离技术是最近几十年迅速发展起来的一类新型分离技术。它是以对组分具有选择性透过功能的人工合成的或天然的高分子薄膜（或无机膜）为分离介质，通过在膜两侧施加（或存在）一种或多种推动力，使原料中的某组分选择性地优先透过膜，从而达到混合物的分离，并实现产物的提取、浓缩、纯化等目的的一种新型分离过程。其推动力可以为压力差（也称跨膜压差）、浓度差、电位差、温度差等。膜分离过程有多种，不同的过程所采用的膜及施加的推动力不同。通常称进料液流侧为膜上游，透过液流侧为膜下游。

不同的膜分离过程所使用的膜不同，而且相应的推动力也不同。目前已经工业化的膜分离过程包括微滤（MF）、反渗透（RO）、纳滤（NF）、超滤（UF）、渗析（D）、电渗析（ED）、气体分离（GS）和渗透汽化（PV）等，而膜蒸馏（MD）、膜基萃取、膜基吸收、液膜、膜反应器、无机膜的应用等则是目前分离技术研究的热点。微滤、超滤、纳滤和反渗透都是以压力差为推动力的膜分离过程。这几种膜分离过程可以用于稀溶液的浓缩或净化，其原理是在压力驱动下，使一部分溶剂及小于膜孔的组分透过膜，而大于膜孔的微粒、大分子、盐被膜截留下来，从而达到分离的目的。它们的主要区别在于所采用的膜的结构与性能及分离物粒子或分子的大小不同。微滤是利用孔径为 $0.1\sim10\mu m$ 的膜的筛分作用，将微粒细菌、污染物等从悬浮液或气体中除去的过程，其操作过程压差一般为 $0.05\sim0.20$ MPa。超滤是利用孔径为 $1\sim100$ nm 的膜的筛分作用，使大分子溶质或细微粒子从溶液中分离出来，其操作的跨膜压差为 $0.3\sim1.0$ MPa。反渗透是利用孔径小于 1nm 的膜通过优先吸附和毛细管流动等作用选择性透过溶剂（通常是水）的性质，使溶液中相对分子质量较小的溶质分离出来，如无机盐和葡萄糖、蔗糖等有机溶质，其操作压差一般为 $1\sim10$ MPa。纳滤介于反渗透和超滤之间，一般用于分离相对分子质量为 200 以上的物质，膜的操作压差通常比反渗透低，一般在 $0.5\sim2.5$ MPa。影响膜分离的主要因素有：①膜材料，指膜的亲疏水性和电荷性会影响膜与溶质之间作用力的大小；②膜孔径，其大小直接影响膜通量和膜的截流率，一般来说在不影响截流率的情况下尽可能选取膜孔径较大的膜，这样有利于提高膜通量；③操作条件（压力和流量）。另外，料液本身的一些性质如溶液 pH 值、盐浓度、温度等都对膜通量和膜的截流率有较大的影响。

膜分离技术具有操作方便、设备紧凑、工作环境安全、节约能量和化学试剂等优点。因此，自 21 世纪 60 年代膜分离方法出现后不久就很快在海水淡化工程中得到大规模的商业应用。目前除海水、苦咸水的大规模淡化以及纯水、超纯水的生产外，膜分离技术还在食品工业、医药工业、生物工程、石油、化学工业、环保工程等领域得到推广应用。

衡量膜分离特性的指标一般用分离效率和膜通量来描述。

(1) 分离效率　在微滤、超滤、纳滤和反渗透过程中，脱除溶液中蛋白质分子、糖类、盐等的分离效率可用脱除率或截留率（R）表示，定义为

$$R = \frac{c_b - c_p}{c_b} \times 100\% \tag{4-18-1}$$

式中，R——截留率；c_b——原料液初始浓度；c_p——透过液浓度。

(2) 膜通量　从动力学上讲，膜通量的一般形式为

$$J_V = \frac{\Delta p}{\mu R} = \frac{\Delta p}{\mu(R_m + R_c + R_f)} \tag{4-18-2}$$

式中，J_V——膜通量；R——膜的过滤总阻力；μ——膜的总阻力系数；Δp——膜过滤前后的压差；R_m——膜自身的机械阻力；R_c——浓差极化阻力；R_f——膜污染阻力。

过滤时，由于筛分作用，料液中的部分大分子溶质会被截留，溶剂及小分子溶质则能自由地透过膜，从而表现出超滤膜的选择性。被截留的溶质在膜表面积聚，其浓度会逐渐上升，在浓度梯度的作用下，接近膜表面的溶质又以相反方向向料液主体扩散。平衡状态时，膜表面形成一层溶质浓度分布均匀的边界层，对溶剂等小分子物质的运动起阻碍作用，这种现象称为膜的浓差极化，它是一个可逆过程。

膜污染是指待处理物料中的微粒、胶体粒子或溶质大分子与膜产生物理化学相互作用或机械作用，在膜表面或膜孔内吸附、沉积造成膜孔径变小或堵塞，从而导致膜通量及分离效率降低等不可逆变化的现象的发生。

膜污染可分为两大类。一类是可逆膜污染，比如浓差极化，可通过流体力学条件的优化以及回收率的控制来减轻和改善。另一类为不可逆膜污染，是通常所说的膜污染，这类污染可由膜表面的电性及吸附引起或由膜表面孔隙的机械堵塞而引起。这类污染目前尚无有效的改善措施，只能靠水质的预处理或通过抗污染膜的研制及使用来延缓其污染速度。

膜分离单元操作装置的分离组件采用超滤中空纤维膜。当欲分离的混合物料流过膜组件孔道时，某组分可穿过膜孔而被分离。通过测定料液浓度和流量可计算被分离物的脱除率、回收率及其他有关数据。当配置真空系统和其他部件后，可组成多功能膜分离装置，进行膜渗透、蒸发、超滤、反渗透等实验。

3. 实验装置

（1）超滤膜分离实验装置　超滤膜分离实验装置及流程如图 4-18-1 所示。超滤中空纤维膜组件规格：PS10 截留相对分子质量为 10 000，内压式，膜面积为 $0.1m^2$，纯水通量为 3～4L/h；PS50 截留相对分子质量为 50 000，内压式，膜面积为 $0.1m^2$，纯水通量为 6～8L/h；PP100 截留相对分子质量为 100 000，卷式，膜面积为 $0.1m^2$，纯水通量为 40～60L/h。

膜组件
相关资源

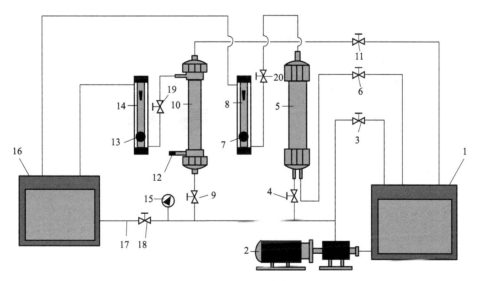

图 4-18-1　超滤膜分离实验装置及流程

1—原料液箱；2—循环泵；3—旁路调节阀；4、9—进料阀；5—膜组件 PP100；6、11—浓缩液排放阀；
7、13—流量计阀；8、14—透过液转子流量计；10—膜组件 PS10；12—反冲口；15—压力表；
16—透过液水箱；17—反冲洗管路；18—反冲洗阀门；19、20—透过液出口阀

本实验将一定浓度的聚乙烯醇（PVA）料液由输液泵输送，经粗滤器和精密过滤器过滤，然后经转子流量计计量后从下部进入超滤中空纤维膜组件中，经过膜分离将 PVA 料液分为两股：一股是透过液——透过膜的稀溶液（主要由低相对分子质量物质构成），经流量计计量后回到透过液水箱（淡水箱）；另一股是浓缩液——未透过膜的溶液（浓度高于料液，

主要由大分子物质构成），经流量计计量后回到原料液箱（浓水箱）。

溶液中PVA料液的浓度可采用分光光度计分析。

在进行一段时间的实验后，膜组件需要清洗。反冲洗时，只需向淡水箱中接入清水，打开反冲洗阀门，其他操作与分离实验相同。

超滤中空纤维膜组件容易被微生物侵蚀而损伤，故在不使用时应加入保护液。一般在实验结束后，用清水反冲洗处理后立即拆卸膜组件并加入保护液（1%～5%甲醛溶液）以保护膜组件。

（2）纳滤、反渗透膜分离实验装置　纳滤、反渗透膜分离实验装置及流程如图4-18-2所示。纳滤膜组件：纯水量为12L/h，膜面积为0.4m^2，脱盐率为40%～60%，操作压力为0.6MPa；反渗透膜组件：纯水量为10L/h，膜面积为0.4m^2，脱盐率为90%～97%，操作压力为0.6MPa。

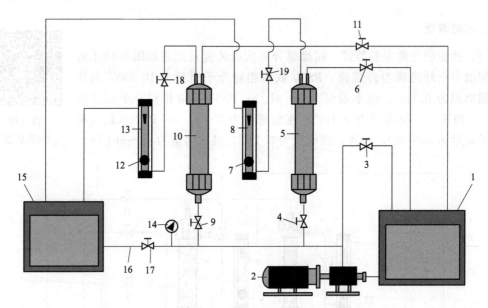

图4-18-2　纳滤、反渗透膜分离实验装置及流程

1—原料液箱；2—循环泵；3—旁路调节阀；4、9—进料阀；5、10—反渗透膜组件；6、11—浓缩液排放阀；7、12—流量计阀；8、13—透过液转子流量计；14—压力表；15—透过液水箱；16—反冲洗管路；17—反冲洗阀门；18、19—透过液出口阀

4. 实验操作要点

（1）准备工作　按要求配制需要分离的溶液和保护液，做好分离前的准备工作。

（2）实验操作

① 用自来水清洗膜组件2～3次，洗去组件中的保护液。排尽清洗液，安装膜组件。

② 打开进料阀和浓缩液排放阀，关闭透过液出口阀，用清水对组件进行在线冲洗。

③ 将配制的料液加入原料液箱中，分析料液的初始浓度并记录。

④ 开启电源，使泵正常运转，然后开启旁路调节阀，泵入循环液使物料混合均匀。

⑤ 选择需要做实验的膜组件，打开相应的进料阀、浓缩液排放阀和透过液出口阀及流量计阀，进行分离操作。

⑥ 根据实验需要，切换其他膜组件进行操作。
⑦ 分离稳定后，取透过液进行浓度分析。
⑧ 实验结束前一定要进行膜冲洗和反冲洗。
⑨ 实验结束后，把膜组件拆卸下来，向膜组件内加入保护液进行保护，然后密闭系统，避免保护液损失。
⑩ 实验结束后检查并确保所用系统水、电关闭。

5. 数据处理与分析

(1) 实验数据记录　根据实验条件和数据自行合理设计表格进行数据记录。
(2) 实验数据处理
① 根据式(4-18-1)计算料液的截留率 R。
② 透过液通量 J_w

$$J_w = \frac{V}{St} \tag{4-18-3}$$

式中，V——渗透液体积；S——膜面积；t——实验时间。

③ 浓缩因子 N

$$N = \frac{c_2}{c_b} \tag{4-18-4}$$

式中，c_2——浓缩液浓度。

思考题

1. 试论述超滤、纳滤、反渗透膜分离的机理，比较三种膜分离的优缺点。
2. 超滤膜组件长期不用时，为何要加保护液？
3. 在实验中，如果操作压力过高或流量过大会有什么结果？提高料液的温度进行超滤会有什么影响？
4. 阅读文献，回答什么是浓差极化？有什么危害？有哪些消除的方法？

4.8 校正实验

实验 19　液体流量计校正实验

1. 实验目的

(1) 熟悉孔板和文氏管流量计的构造、安装和使用方法。
(2) 标定以上两种流量计流量 V_s 与压差计读数 R 的关系，并计算其孔流系数。
(3) 测定并比较孔板和文氏管流量计的永久压力损失。

液体流量计校正实验

2. 基本原理

流体流过孔板的孔口时，因速度变化而造成压力降，同时在出口发生收缩形成"缩脉"，此处的流通截面积最小，流速最大，引起的静压降也最大。孔板流量计就是利用这种压力随流量的变化来测量流体的流量的。若不考虑损失，在孔板上游截面 1 和缩脉 2 处列伯努利方程，整理可得

$$\frac{u_2^2 - u_1^2}{2} = \frac{p_1 - p_2}{\rho} \tag{4-19-1}$$

$$u_2^2 - u_1^2 = 2(p_1 - p_2)/\rho \tag{4-19-2}$$

由于缩脉处的截面积很难确定，但孔口的尺寸是已知的，因此将上式缩脉处速度用孔口处速度 u_0 代替，并考虑损失，故用系数 C 加以校正，将上式改写成

$$u_0^2 - u_1^2 = C[2(p_1 - p_2)/\rho] \tag{4-19-3}$$

对不可压缩流体，根据连续性方程又可得

$$u_1 = u_0 (d_0/d_1)^2 \tag{4-19-4}$$

代入上式整理后得

$$u_0 = C[2(p_1 - p_2)/\rho]^{0.5}/[1 - (d_0/d_1)^4]^{0.5} \tag{4-19-5}$$

令 $C_0 = C/[1 - (d_0/d_1)^4]^{0.5}$。孔板前后的压力降用 U 形压差计测量，即有 $p_1 - p_2 = gR(\rho_0 - \rho)$，于是孔口流速可表示为

$$u_0/(\text{m/s}) = C_0 [2gR(\rho_0 - \rho)/\rho]^{0.5} \tag{4-19-6}$$

根据 u_0 和孔口截面积 S_0 即可算出流体的体积流量

$$V_s/(\text{m}^3/\text{s}) = S_0 u_0 = S_0 C_0 [2gR(\rho_0 - \rho)/\rho]^{0.5} \tag{4-19-7}$$

及流体的质量流量

$$W_s/(\text{kg/s}) = \rho V_s = S_0 u_0 = S_0 C_0 [2gR(\rho_0 - \rho)\rho]^{0.5} \tag{4-19-8}$$

式中，S_0——孔板孔口截面积；C_0——孔流系数，无量纲；R——U 形压差计的读数，m；ρ_0——U 形压差计指示液密度，kg/m^3；ρ——管内流体密度，kg/m^3。

其中孔流系数 C_0 由实验测定。C_0 是 Re （以管径计算的值 $d_1 u_1 \rho/\mu$）和 d_0/d_1 （孔径与管径比）的函数。当 d_0/d_1 一定，Re 超过一定数值后，C_0 就趋为常数。

文氏管流量计与孔板流量计测量原理完全相同，仿照以上各式可写出

$$V_s/(\text{m}^3/\text{s}) = S_v u_v = S_v C_v [2gR(\rho_0 - \rho)/\rho]^{0.5} \tag{4-19-9}$$

$$W_s/(\text{kg/s}) = \rho V_s = S_v C_v [2gR(\rho_0 - \rho)\rho]^{0.5} \tag{4-19-10}$$

流体流过孔板流量计，由于突然收缩和扩大，形成涡流产生阻力，使部分压力损失，因此流体流过流量计后压力不能完全恢复，这种损失称为永久压力损失，流量计的永久压力损失可以用实验方法测出。

实验测定下述两个截面的压力差，即为永久压力损失。

对孔板流量计，测定孔板前为 d_1 处和孔板后 $6d_1$ 处两个位置截面。

对文氏管流量计，测定距入口和扩散管出口处各为 d_1 处的两个截面。d_1 为管道内径。两个截面的压力差为

$$\Delta p_\text{永} = p_1 - p_2 \tag{4-19-11}$$

永久压力损失 $\Delta p_\text{永}$ 可以用 U 形压差计测定，并常以流量计测量压差的百分数表示

$$p_\pi = (\Delta p_\text{永}/\Delta p_\text{测}) \times 100\% \tag{4-19-12}$$

此值与流量计孔板孔径 d_0（或文氏管喉径 d_0）和管道直径 d_1 的比有关，d_0/d_1 值越小永久压力损失越大。常用孔板的永久压力损失的 p_π 大约在 40%～90% 之间，取决于 d_0/d_1 的比值。由于文氏管流量计的入口和出口都为扩散形管，流体流过的涡流损失较小，所以永久压力损失比孔板流量计的小得多，各种 d_0/d_1 值的文氏管流量计的永久压力损失 p_π 为 8%～18%。

3. 实验装置

（1）孔板-文氏管流量计综合实验装置　实验装置及流程如图 4-19-1 所示。孔板和文氏管流量计安装在直径 $\Phi 34\text{mm} \times 3\text{mm}$ 不锈钢管道上。为了保证正常测量条件，流量计前面必须有足够长的直管段。这里的孔板和文氏管流量计前的直管段长分别为 360mm 和 700mm。

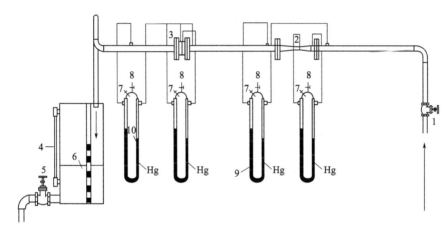

图 4-19-1　流量计（孔板-文氏）实验装置流程
1—进口阀；2—文氏管流量计；3—孔板流量计；4—液面计；5—放水阀；6—计量槽；
7—平衡旋塞；8—排气旋塞；9，10—U形压差计

流量计的压差测量和永久损失用 U 形压差计测定，内装水银作为指示液。压差计上装有排气和平衡旋塞，都与排气管相连。排气旋塞用以排出实验系统和测压导管中的气体。平衡旋塞在排气时打开，平衡压差计两测量臂的压力，防止水银冲走，测量时关闭，使两测量臂不再联通。

实验用水出水泵从水槽送往高位水槽，由管道进入实验系统，经流量计进入计量槽计量体积，然后放回水槽，循环使用。

（2）孔板流量计实验装置

孔板流量计孔流系数测量装置见图 4-19-2。

4. 实验操作要点

（1）首先熟悉实验装置及流程。观察压差计与流量计测压接头的连接。打开平衡旋塞 7 和排气旋塞 8，打开计量槽的放水阀 5（图 4-19-1）。

（2）排出实验管路及测量系统的气体。缓慢打开管道进口阀 1，让水流经管道、流量计和压差测压导管及上部排气管，排出管道和测压系统的气体。待气体排尽后，先关闭 U 形压差计顶部的所有排气旋塞，然后再关闭平衡旋塞。关闭进口阀，检查压差计两测量臂读

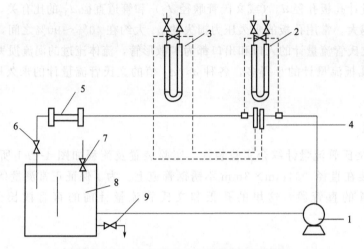

图 4-19-2　孔板流量计孔流系数测量装置

1—离心泵；2—测定流体经过孔板所带来的阻力损失的 U 形压差计；3—测定孔板前后压降的 U 形压差计；
4—孔板流量计；5—涡轮流量计；6—调节阀；7—引水阀；8—水箱（循环用水）；9—排水阀

数是否相等，若不相等表示系统存有空气，应重新排气。

(3) 用进口阀 1 调节流量，由小到大测定记录 10～15 组数据。水的体积流量，根据计量槽的一定体积和相应的时间确定。实验时应注意计量槽水位，防止水因槽满而溢出。每记录完一组数据要及时打开放水阀 5 放水。

(4) 做完实验后，将进口阀关闭，检查压差计两管读数是否相等，若不相等，应分析原因，并考虑是否要重做实验。

(5) 实验测定结束后，请指导教师检查数据，通过后将实验装置恢复到实验前的状态。

5. 数据处理与分析

(1) 原始数据及实验过程现象记录于表 4-19-1 和表 4-19-2 中。

表 4-19-1　流量计实验记录表

姓名：_____ 同组者：_____ 班级：_____ 实验日期：_____

数据记录：

孔板两侧直管部分长：_____ m　文氏管两侧直管部分长：_____ m　管子内径：_____ mm

文氏管喉径：_____ mm　孔口直径：_____ mm　水温：_____ ℃　黏度：_____ Pa·s

序号	计量槽水位/mm			时间/s	流量/(m³/s)	孔板流量计测量差值/mmHg			孔板流量计永久压差/mmHg			孔板流量计永久损失/%	孔板流量计孔流系数
	初	终	差			左	右	差	左	右	差		
1													
2													
3													
...													

注：1mmHg=133.3224Pa。

表 4-19-2 流量计实验记录表

序号	文氏管流量计						永久损失/%	孔流系数
	测量差值/mmHg			永久压差/mmHg				
	左	右	差	左	左	右		
1								
2								
3								
…								

(2) 在双对数坐标纸上绘出流量 V_s 和 U 形压差计读数 R 之间的关系，并求出斜率，看看 V_s-R 是否为 0.5 次方的关系。

(3) 计算孔板和文氏管流量计的孔流系数。

(4) 计算永久压力损失 P_n 并比较。

思 考 题

1. U 形压差计的平衡旋塞和排气旋塞起什么作用？怎样使用？怎样才能排出测压导管中的气体？
2. 流量计的孔流系数 C_0 和 C_v 的一般范围是多少？它们与哪些参数有关？这些参数对孔流系数 C_0 和 C_v 有何影响？

实验 20 气体流量计校正实验

1. 实验目的

(1) 掌握实验室使用的湿式气体流量计和转子流量计的校正方法。

(2) 了解和熟悉气体流量测量仪器的类型及使用方法。

2. 基本原理

气体流量计分为计量计和流量计，根据测量原理又分为容积式和节流式。所谓计量计是指具有计量流过测量仪表实际量的仪表；而流量计则是指能测量单位时间流经测量仪表的流体的量的仪表。在本实验中分别选取湿式气体流量计和转子流量计。

(1) 湿式气体流量计　湿式气体流量计属于计量计，其测量原理为容积式。

① 结构与原理。如图 4-20-1 所示，湿式气体流量计结构主要由鼓形壳体、转鼓及转动读数机构所组成。转鼓被套在固定的鼓形壳体内与鼓形壳体同轴，转鼓内部空间由四块弯曲形状的叶片所构成，四块叶片将鼓形壳体分成四个体积相等的小室（Ⅰ～Ⅳ），四个小室分别与转鼓和壳体之间形成的环隙连通，同时也与中部的圆柱形室连通。

使用时，鼓的下半部浸没在水中（通过仪表正面的水位计确定），气体从背面中央进入圆柱形室，再进入小室中，此时小室一个内孔恰好露出水面，而其他三个小室则淹没在水

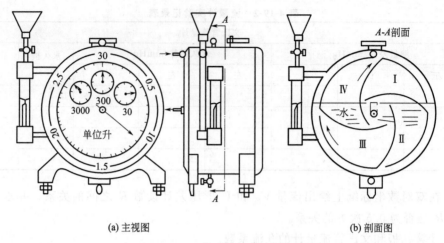

(a) 主视图　　　　　　　　　　　　　　　(b) 剖面图

图 4-20-1　湿式气体流量计结构

中。进入小室的气体对室壁产生压力推动转鼓沿着顺时针方向转动，转动一定角度之后该小室的内孔被水淹没在水中，气体不能继续进入此小室，而水就把小室中气体排挤出去，从转鼓与外壳间的空间引出，在转鼓旋转过程中，其余小室陆续自水中上升，外来气体进入第二个小室再将其排出，这样依次循环就使转鼓不断转动，因每个小室容积固定，因而转鼓每转一周流过气体量也就一定。转鼓在转动时，通过传动机构将其转动量传递到仪表正面的指示机构，从而获得仪表读数，即流量计指针指示的体积数。

② 校正原理。在本实验中所采用的是湿式气体流量计，流量计指针旋转一周总体积读数为 2L。但由于制造、传递机构以及长期使用等带来的误差，使得仪表读数的流量与实际通过流量计的流量可能不一致，因此在使用流量计之前，需计算流量计的精度及平均校正系数。

实验中，校正湿式气体流量计用 1L 标准容量瓶 ($V_V=1$) 进行校正，流过标准容量瓶的 1L 气体流入湿式气体流量计，得到流量计指针所指示的体积为 V_W。

则绝对误差为

$$\Delta V = V_V - V_W$$

多次使用标准容量瓶测量，可计算每次的绝对误差。

精度计算：通过确定绝对误差中的最大绝对值 ΔV_{max} 计算允许误差

$$\delta = \frac{\Delta V_{max}}{仪表量程范围} \times 100\%$$

确定精度：去掉允许误差的%，其数字为仪表精度，根据我国现使用的仪表精度等级来定级仪表的精度等级。

平均校正系数计算

$$C_W = \sum \Delta V / \sum V_W$$

若实验进行 10 次，$\sum V_W$ 为 10 次测量流过流量计体积读数之和。

获得校正系数后，流量计指针所指示的体积对应的实际体积为

$$V_S = V_W + C_W V_W \tag{4-20-1}$$

(2) 转子流量计　转子流量计属于流量计，其测量原理为节流式。

① 转子流量计结构。转子流量计的结构如图 4-20-2 所示。该流量计主体是由一个向上

扩大的锥形玻璃管、随流体流量大小而上下浮动的转子（又称浮子）和读数刻度所组成。常见转子的形状有锥形和球形。转子流量计具有结构简单、价格低廉、测量范围大、刻度均匀、有直观感等特点。选择适当的锥管和转子材料还可以测量有腐蚀性的流体。所以，转子流量计在化工生产和实验室中被广泛应用。

② 工作原理。转子流量计是在恒定压差条件下，利用流体流通截面积的变化来测量流量。当被测流体自下而上流经转子与锥管环隙时，转子上、下产生压差，压差作用在转子上产生向上的力，该力与转子所受的浮力合并向上，当向上的力大于浸于流体内转子的重力，则转子上升。随着转子上升，转子与锥管间的环隙面积逐渐增大，流体的流速逐渐下降，作用于转子上压差产生的向上的力也逐渐

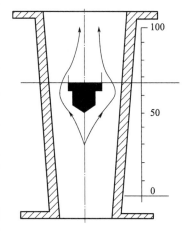

图 4-20-2　转子流量计的结构图

减小，当总上升力等于浸在流体中转子重力时，转子稳定在某一高度。根据这一高度可在锥管刻度上读出被测流体的流量值。

转子流量计流量值刻度可以是用 20℃、0.1013MPa 的水或空气标定的，也可只是用高度表示。当使用条件与标定条件不符时，流量计的读数就不是实际测量条件下的值，这时就需对流量计的指示值进行校正。

③ 流量指示值的校正

a. 公式校正。测量气体的转子流量计的指示值是在出厂时在 20℃、0.1013MPa 空气下标定的。实际使用条件不符合标定条件时，则必须对流量计的指示值进行校正。其校正公式如下。

被测流体密度改变时，可按下式校正，即

$$Q = Q_0 \sqrt{\frac{\rho_1(\rho - \rho_2)}{\rho_2(\rho - \rho_1)}} \tag{4-20-2}$$

式中，Q_0——转子流量计的指示值；Q——被测流体校正后的实际体积流量；ρ——转子材料的密度；ρ_1——标定状态下水（或空气）的密度；ρ_2——被测流体的密度。

被测流体的温度、压力改变时，对气体可按下式校正；即

$$Q = Q_1 \sqrt{\frac{p_2 T_1}{p_1 T_2}} \tag{4-20-3}$$

式中，Q_1、T_1、p_1——用水（或空气）标定条件下的体积流量、温度、压力（绝压）；Q、T_2、p_2——被测流体实际的体积流量、温度、压力（绝压）。

b. 以流量校正曲线进行校正。转子流量计的流量值以高度或流量表示时，可以通过实验测定出实际使用条件下气体流量计的指示值与实际值之间的校正曲线，用于流量计校正。

④ 转子流量计的安装和使用

a. 转子流量计应安装在垂直、无震动的管道上，不能有明显的倾斜，否则会造成测量的误差。

b. 流体进入转子流量计前应保存垂直长管段长度不少于 $5D$（D 为流量计的直径）；为了便于维修，转子流量计应安装旁路，如图 4-20-3（a）所示；对于测量不清洁的流体，可按图 4-20-3（b）安装。

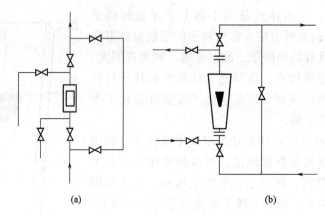

图 4-20-3 转子流量计的安装

c. 转子流量计在安装使用前，应检查流量的刻度值及工作的压力是否与实际相符，且误差不应超过规定值。

d. 转子流量计在每次开始使用时，应缓慢旋开阀门，以防流体冲力过猛损坏锥管、转子等元件。

e. 转子流量计的锥形管和转子应该经常清洗，防止污物改变环隙面积而影响精度。

f. 选用转子流量计应考虑转子和基座，材料必须符合被测流体的要求。流量计的正常测量值最好选在测量上限的 1/3~2/3 刻度处。

g. 搬动转子流量计（特别是大口径的）时，应将转子顶（固定）住，防止将锥管打坏。

h. 管道内的工作压力必须在转子流量计的允许压力的范围内。

3. 实验装置

实验主要仪表、设备：湿式气体流量计、转子流量计、空气压缩机、三通阀、标准容量瓶、高位水杯。

(1) 湿式气体流量计校正实验流程图（图 4-20-4）

(2) 气体转子流量计流量校正曲线测定流程图（图 4-20-5）

4. 实验操作要点

(1) 湿式气体流量计校正

① 先检查湿式气体流量计是否水平，并调节达到水平。

② 加水，充水量由水位器指示（无水位器的应见到溢流管活塞处有水溢出），检查系统是否漏气。

③ 往高位瓶注水至 2/3 瓶高，记录流量计读数；然后开启螺旋夹使高位瓶的水沿着胶管流入容量瓶中至刻度标线，排入流量计的气体恰好1L，记录流量计读数。

④ 重复上述操作，试验次数不得少于5次（实际次数由教师课堂规定）。

(2) 气体转子流量计流量校正曲线测定

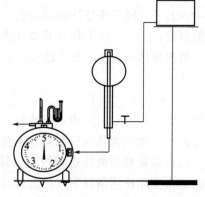

图 4-20-4 湿式气体流量计校验装置图

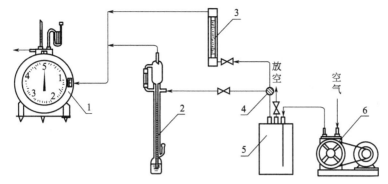

图 4-20-5　气体转子流量计校验装置图

1—湿式气体流量计；2—毛细管流量计；3—转子流量计；4—三通阀；5—缓冲瓶；6—空气压缩机

① 将实验用设备、测量仪表按流程图连接。
② 检查连接及三通阀状态，使放空量处于最大。
③ 启动电源。
④ 调节放空量阀门，使流量计的转子或液位固定在某一高度。
⑤ 记录此时流过湿式气体流量计气体的体积（不得少于2L）所需的时间。
⑥ 重复④、⑤操作多次，记录数据。

5. 数据处理与分析

（1）湿式气体流量计实验数据及校正系数（表4-20-1）

表 4-20-1　湿式气体流量计实验数据记录及计算

测量温度：　　　　　大气压力　　　　kPa

单位：L

序号	读数 $V_{初}$	读数 $V_{终}$	V_W	容量瓶 V_V	ΔV
1					
2					
3					
…					

注：V_V—标准容量瓶容积，L；V_W—湿式气体流量计指示体积，L。

计算湿式气体流量计校正系数。

（2）气体转子流量计实验数据及流量曲线（表4-20-2）

作出 Q-Q_0 曲线，对实验中出现的问题和数据处理结果进行讨论。

表 4-20-2　气体转子流量计实验数据记录及计算

序号	转子流量计读数 Q_0/(L/s)	V_W/L	V_S/L	时间/s	Q/(L/s)
1					
2					
3					
…					

注：V_W—湿式气体流量计指示体积，L；V_S—气体实际体积，L；Q—转子流量计流量，L/s；Q_0—转子流量计读数，L/s。

> **思考题**

1. 转子流量计刻度与什么有关系？
2. 湿式气体流量计计量时有时间量吗？为什么？
3. 为什么要在湿式气体流量计上安装 U 形压差计？
4. 为什么气体流量计在实际使用时要根据使用条件对指示值进行校正？
5. 为什么通过调节放空量可以调节流过流量计的气体流量？
6. 测出的流量校正曲线是否能直接用于任何条件下的气体流量测量？

实验 21 热电偶及热电阻温度计标定实验

1. 实验目的

（1）了解热电偶温度计和热电阻温度计的结构，加深对原理的理解。
（2）掌握温度测量仪表的标定方法。
（3）应用比较法求得被校验的热电偶的电势与温度的关系曲线。
（4）应用比较法求得被校验的热电阻的电阻与温度的关系曲线。
（5）掌握热电偶、热电阻温度传感器在化工测量中的安装要求及使用注意事项。

2. 基本原理

温度是表示物体冷热程度的物理量。微观上来讲是物体分子热运动的剧烈程度。温度只能通过物体随温度变化的某些特性来间接测量。温度测量是使用温度计或测温仪表对物体的温度进行定量测量，获取物体准确的温度值，从而客观反映出物体的冷热程度。热电偶温度计是根据热电效应来测量温度的一种装置。由两种不同材料的金属导体 A 和 B 加工而成，若把两根导体两端焊接在一起，并把两个接点分别放在不同的温度环境 t_1 和 t_0 中，那么，在这个闭合回路中会产生一个热电势 $E_{A,B}(t_1, t_0)$。当 A、B 材料确定后，若一端温度 t_0 保持不变，则热电势 $E_{A,B}(t_1, t_0)$ 就成为另一端温度 t 的单值函数了。若 t_1 就是被测温度，那么只要测出热电势的大小，就能判断测点温度的高低。

热电阻温度计是利用金属导体的电阻值随温度变化而变化的特性来进行温度测量。在一定温度范围内电阻与温度呈线性关系，如式(4-21-1) 和式(4-21-2) 所示。

$$R_{t_1} = R_{t_0}[1 + \alpha(t_1 - t_0)] \tag{4-21-1}$$

$$\Delta R_{t_1} = \alpha R_{t_0}(t_1 - t_0) \tag{4-21-2}$$

式中，R_{t_1}，R_{t_0}——温度 t_1 和 t_0 时的热电阻，Ω；α——电阻温度系数，$1/℃$；ΔR_{t_1}——电阻值的变化量，Ω。

由于温度的变化，导致了金属导体电阻的变化，所以只要设法测出电阻值的变化，就可达到测量温度的目的。在现代温度测量仪表中，一般采用标准温度传感器，根据温度的变化对应的电阻值即可实时显示温度值，如铂电阻温度传感器 Pt100 规定其在 0℃时的电阻值为 100Ω，在 100℃时的电阻值约为 138.5Ω，可通过不同温度下的电阻关系（线性关系）校正和修正传感器，确保实际使用中的准确度。

3. 实验装置

温度传感器的校正一般采用恒温水浴（或油浴）作为热源，采用标准温度计（常用水银温度计）作为参照，对温度变化与传感器输出变化的关系进行校正，实验装置如图 4-21-1 所示。

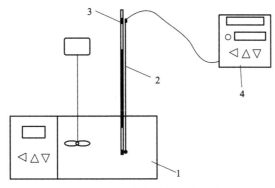

图 4-21-1　常用温度传感器标定实验装置
1—超级恒温水浴；2—标准温度计；3—待标定温度传感器；4—数字温度测量仪表（精密万用表）

4. 实验操作要点

（1）热电偶温度计标定实验

① 开启超级恒温水浴电源开关、搅拌电动机开关和电加热调节器开关，设定超级恒温水浴的温度为标定温度范围的最低值。

② 将使用温度与超级恒温器的设定温度相适宜的标准水银温度计和待标定热电偶绑在一起，使热电偶的热端与标准温度计的感温端紧密接触。

③ 将标准水银温度计和待标定热电偶放进超级恒温器中，待超级恒温器温度和热电偶输出热电势均恒定后，记录温度和热电势，待用；向容积不小于2L的保温杯（桶）内加入占其容积1/2的冰块，然后加入适量净水，待冰水混合均匀，冰块融化一半时放入已经绑定的温度计和热电偶至冰水中心位置，读取温度值及热电偶与仪表连接后的示值。

④ 改变超级恒温器的设定温度，恒定后，记录温度和热电势，获得热电偶标定曲线。

⑤ 实验结束，一切复原。

（2）热电阻温度计标定实验

①开启超级恒温器上的电源开关、搅拌电动机开关和电加热调节器开关，设定超级恒温器的温度为标定温度范围的最低值。

②将使用温度与超级恒温器的设定温度相适宜的标准水银温度计和待标定热电阻绑在一起，使热电阻的热端与标准温度计的感温端紧密接触。

③将标准水银温度计和待标定热电阻放进超级恒温器中，采用测量精度为 0.005Ω 的精密电阻测量仪表测定待标定热电阻的阻值，待超级恒温器温度和热电阻的阻值恒定后，记录温度和热电阻的阻值。

④改变超级恒温器的设定温度，待温度恒定后，记录温度和热电阻的阻值，获得热电阻阻值-温度标定曲线。

⑤实验结束，一切复原。

（3）恒温时间影响评价

①在热电偶或热电阻标定时，每次改变恒温水浴设定温度后，待水浴温度恒定，放入标准温度计和温度传感器，开始计时，然后在水浴同一温度条件下每30s记录一次温度，持续记录10min以上。

②在不同的温度条件下重复步骤①，记录不同温度状态下的温度平衡状况。

③待温度升到最高温度时，采用加入冷水的方式，再次以从高温依次降温的方式重复实验。

5. 注意事项

（1）若标定温度范围较宽，一支标准温度计的使用量程将不能满足实验需要，要采用几支量程不同的标准温度计联合使用，需要根据标定温度的变化，选用合适的标准温度计。

（2）若标定温度范围大于95℃，应选用超级恒温油浴。

（3）恒温时间影响评价实验过程中应记录不同时间状态下温度的示值情况，评价温度测试过程中的时间影响。

6. 数据处理与分析

（1）作图对比不同温度下热电偶、热电阻测量值与标准温度计示值的关系曲线。

（2）作出热电偶的电势随温度的变化曲线及热电阻的电阻值随温度的变化曲线。

（3）作图分析恒温时间与温度关系曲线，试分析在不同工况下恒温时间对测量结果的影响。

思考题

1. 在测温仪表标定过程中，为什么要恒温一定时间读取数据？恒温时间如何确定？
2. 如何标定热电偶及热电阻的动态特性？
3. 在同一温度下评价不同时间的温度测量情况，对比评价温度恒定值与不同时间测量值的关系。

实验22　压力表及压力传感器的校验

1. 实验目的

（1）了解压力表及压力传感器的标定与校验的常用方法，通过计算仪表的误差及变差对被校压力表作出鉴定。

（2）了解弹簧管压力表的基本结构和工作原理；掌握弹簧管压力表的校验、标定方法。

（3）熟悉活塞式压力表的基本结构、工作原理及使用方法。

（4）掌握利用标准砝码检验标准压力表及利用标准压力表校验一般压力表和各种压力传感器的方法。

（5）通过压力表的校验实验掌握各类压力表及压力传感器的安装方法和使用注意事项。

2. 基本原理

压力是物理学上的一个常用概念，是指发生在两个物体接触表面上的作用力，或者是气体对固体和液体表面的垂直作用力，或者是液体对固体表面的垂直作用力。习惯上，在力学和多数工程学科领域，"压力"一词与物理学中的压强同义。在化工领域，压力常用来表示流体受到的力的作用，是流体静态能和动能的综合体现。

压力测量在化工生产中非常重要。通过它能够客观、准确地反映出化工生产中流体稳定状态的能量情况，同时它也是化工生产中重要的安全监控指标。压力测量一般采用压力表直接测量或采用压力传感器间接测量。

(1) 压力表及压力传感器的标定与校验原理　对于要出厂或者自行制造的压力表、压力传感器、压差计等，都需要根据国家相关标准进行标定，在使用了一定期限后，也需要到指定部门进行校验，只有校验合格后才可以继续使用。

对于压力仪表类的标定与校验，一般有两类方法：间接法和基准表法。间接法就是利用压力定义公式，通过其他高精度基准来间接计算进而对比的方法；基准表法是应用另外一块高精度仪表测量同一流体压力，从而进行对比校验的方法。如果被校验仪表对于标准仪表的读数误差，不大于被校验仪表规定的最大允许误差时，则认为该仪表合格。

用活塞式压力表校验压力表的原理如下：活塞式压力表是应用静压平衡原理的计量仪器，即活塞本身和加在活塞上的专用砝码重量（G）作用在活塞面积（S）上所产生的压力（p）与液压容器内所产生的压力相平衡，进而测定被校验仪表的压力大小，即 $p=G/S$。只有当所有校验点上仪表额定相对误差和变差都符合该仪表准确度等级要求时，才能认为该仪表合格。若不符合该仪表的准确度等级要求，则必须进行调整与维修。

(2) 弹簧管压力表测压原理　弹簧管压力表的测量范围极广，品种规格繁多。按其所使用的压元件不同，可分为单圈弹簧管压力表与多圈弹簧管压力表。按其用途不同，除普通弹簧管压力表外，还有耐腐蚀的氨用压力表、禁油的氧气压力表等。它们的外形与结构基本上是相同的，只是所用的材料有所不同。

(3) 压力传感器测压原理　压力传感器有多种类型，最为常用的一种是半导体压电阻抗扩散压力传感器。该类压力传感器是在一种特殊金属薄片表面形成半导体变形压力，通过外力（压力）使薄片变形而产生压电阻抗效果，从而使阻抗的变化转换成电信号，通过仪表或计算机识别电信号并转化成可以直接显示和记录的压力值。

3. 实验装置

本实验采用高精度等级压力表标定被校验压力表，实验装置如图 4-22-1 所示。

4. 实验操作要点

(1) 利用标准砝码检验被校压力表和压力传感器

① 观察实验装置的底座是否水平，用水平调节旋钮校准水平，确保水平仪的气泡位于水平仪的中心位置，然后按正确的顺序安装实验装置。

② 旋转进油阀手轮，同时通过调整油泵手轮检查油路是否通畅；若无问题，装上被校压力表。

③ 打开储油杯进油阀手轮，同时逆向调整油泵手轮，确保油缸内充满油液。

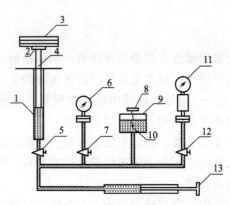

图 4-22-1　压力仪表标定实验装置示意图

1—活塞柱；2—砝码托盘；3—砝码；4—活塞；5,7,12—截止阀；6—标准压力表；8—进油阀手轮；
9—储油杯；10—进油阀；11—被校压力表或压力传感器；13—油泵手轮

④ 通过调节进油阀手轮关闭进油阀，打开砝码托盘和待测压力表，调整油泵手轮使压力管路内产生初压，使砝码托盘升起，直到与定位指示筒的指示刻度相齐为止，记录砝码质量和校验压力表示值。

⑤ 增加砝码质量，使之产生所需的校验压力。增加砝码时，需相应地转动油泵手轮，以免砝码托盘下降。

⑥ 一般校验零点、满度及满度的 20%、40%、50%、60%、80% 这几个点，共校验不少于 7 个数据点。首先按正行程（由小到大）校验，然后按反行程（由大到小）校验，重复做两次，同时读取并记录被校表和标准压力表的示值。

⑦ 校验完毕，左旋油泵手轮，逐步卸去砝码，然后打开进油阀，卸去全部砝码，右旋油泵手轮使油路中的油液回归到油缸中，最后关闭所有阀门。

⑧ 压力传感器的校验方法与压力表的相同，将被校验传感器按上述步骤操作校验即可。

(2) 利用标准压力表检验被校压力表和压力传感器

① 确保实验台底座水平，利用水平调节旋钮校准水平，确保水平仪的气泡位于水平仪的中心位置。

② 旋转油泵手轮，检查油路是否通畅，若无问题，装上被校压力表。

③ 按照上述用砝码校验的步骤，将砝码托盘下方的截止阀关闭，以标准压力表为整个过程的参考仪表对待校压力表或压力传感器进行校验。所有步骤与上述（1）中的方法相同。

④ 特别注意：严禁不按照操作步骤超压操作，以致压力表的弹性元件超出弹性极限，发生塑性变形，损坏仪表。

⑤ 部分传感器校验时一定要缓慢调节压力，稳定后，应停顿一段时间才能读数。

思考题

1. 列出被校验压力计和标准压力计的读数，确定压力计的最大引用误差及精确度等级。
2. 画出压力传感器电流与标准压力计数值之间的关系曲线。
3. 若校验系统排气不净，会对校验过程产生什么影响？

4. 比较表压、绝对压力、相对压力、真空度的概念，找出它们的联系与区别。
5. 引用误差除与精度有关外，还与什么参数有关？
6. 实验过程中测量并记录了实验环境的大气压值，但在数据处理及校验过程中并未使用该数值，为什么？

附录　常见单位及标准数据

化工原理实验中常见单位及标准数据请扫描下方二维码获取。

常见单位及标准数据

参考文献

[1] 陈敏恒，丛德滋. 化工原理. 4版. 北京：化学工业出版社，2015.
[2] 管国锋，赵汝博. 化工原理. 4版. 北京：化学工业出版社，2015.
[3] 谭天恩，等. 化工原理. 4版. 北京：化学工业出版社，2013.
[4] 柴诚敬. 化工原理. 2版. 北京：高等教育出版社，2015.
[5] 柴诚敬. 化工原理. 2版. 北京：高等教育出版社，2010.
[6] 齐鸣斋，熊丹柳，刘玉兰. 化工原理. 北京：高等教育出版社，2013.
[7] 诸林，刘瑾. 化工原理. 北京：石油工业出版社，2007.
[8] 居沈贵，夏毅，武文良. 化工原理实验. 北京：化学工业出版社，2016.
[9] 顾静芳，陈柱娥. 化工原理实验. 北京：化学工业出版社，2015.
[10] 杨祖荣. 化工原理实验. 2版. 北京：化学工业出版社，2014.
[11] 杨运泉. 化工原理实验. 北京：化学工业出版社，2012.
[12] 王治红. 化工原理实验. 北京：化学工业出版社，2011.
[13] 冯亚云. 化工基础实验. 北京：化学工业出版社，2000.
[14] 张金利，郭翠梨. 化工基础实验. 北京：化学工业出版社，2006.
[15] 张金利，等. 化工原理实验. 天津：天津大学出版社，2005.
[16] 天津大学化工技术基础实验教研室. 化工基础实验技术. 天津：天津大学出版社，1989.
[17] 贾绍义，柴诚敬，张金利. 化工原理及实验. 北京：高等教育出版社，2004.
[18] 郭翠梨. 化工原理实验. 北京：高等教育出版社，2013.
[19] 牟宗刚. 化工原理实验. 北京：科学出版社，2012.
[20] 程振平，赵宜江. 化工原理实验. 南京：南京大学出版社，2010.
[21] 费德君. 化工实验研究方法及技术. 北京：化学工业出版社，2008.
[22] 乐清华. 化学工程与工艺专业实验. 3版. 北京：化学工业出版社，2018.
[23] 冯亚云. 化工基础实验. 北京：化学工业出版社，2000.
[24] 刘振学，黄仁和. 实验设计与数据处理. 北京：化学工业出版社，2005.
[25] 江体乾. 化工数据处理. 北京：化学工业出版社，1984.
[26] 李金浚. 误差理论与测量不确定评定. 北京：中国计量出版社，2003.
[27] 厉玉鸣. 化工仪表及自动化. 6版. 北京：化学工业出版社，2019.
[28] 何道清，谌海云. 仪表与自动化. 北京：化学工业出版社，2008.
[29] 沈怀洋. 化工测量与仪表. 北京：中国石化出版社，2011.
[30] McCabe W L, Smith J C. Unit Operation of Chemical Engineering. 6th ed. New York: McGraw Hill Inc., 2003.